U0162730

海上絲綢之路基本文獻叢書

華夷花木鳥獸珍玩考（二）

〔明〕慎懋官 選集

文物出版社

圖書在版編目（CIP）數據

華夷花木鳥獸珍玩考．二／（明）慎懋官選集．--
北京：文物出版社，2022.7
（海上絲綢之路基本文獻叢書）
ISBN 978-7-5010-7656-7

Ⅰ．①華… Ⅱ．①慎… Ⅲ．①植物－介紹－中國－古代②動物－介紹－中國－古代 Ⅳ．① Q948.52
② Q958.52

中國版本圖書館 CIP 數據核字 (2022) 第 097029 號

海上絲綢之路基本文獻叢書

華夷花木鳥獸珍玩考（二）

選　　集：〔明〕慎懋官
策　　劃：盛世博閱（北京）文化有限責任公司

封面設計：鞏榮彪
責任編輯：劉永海
責任印製：張道奇

出版發行：文物出版社
社　　址：北京市東城區東直門内北小街 2 號樓
郵　　編：100007
網　　址：http://www.wenwu.com
經　　銷：新華書店
印　　刷：北京旺都印務有限公司
開　　本：787mm×1092mm　1/16
印　　張：14.125
版　　次：2022 年 7 月第 1 版
印　　次：2022 年 7 月第 1 次印刷
書　　號：ISBN 978-7-5010-7656-7
定　　價：98.00 圓

總緒

海上絲綢之路，一般意義上是指從秦漢至鴉片戰争前中國與世界進行政治、經濟、文化交流的海上通道，主要分爲經由黄海、東海的海路最終抵達日本列島及朝鮮半島的東海航綫和以徐聞、合浦、廣州、泉州爲起點通往東南亞及印度洋地區的南海航綫。

在中國古代文獻中，最早、最詳細記載『海上絲綢之路』航綫的是東漢班固的《漢書·地理志》，詳細記載了西漢黄門譯長率領應募者入海『齎黄金雜繒而往』之事，書中所出現的地理記載與東南亞地區相關，并與實際的地理狀况基本相符。

東漢後，中國進入魏晋南北朝長達三百多年的分裂割據時期，絲路上的交往也走向低谷。這一時期的絲路交往，以法顯的西行最爲著名。法顯作爲從陸路西行到印度，再由海路回國的第一人，根據親身經歷所寫的《佛國記》（又稱《法顯傳》）一書，詳細介紹了古代中亞和印度、巴基斯坦、斯里蘭卡等地的歷史及風土人情，是瞭解和研究海陸絲綢之路的珍貴歷史資料。

隨着隋唐的統一，中國經濟重心的南移，中國與西方交通以海路爲主，海上絲綢之路進入大發展時期。廣州成爲唐朝最大的海外貿易中心，朝廷設立市舶司，專門管理海外貿易。唐代著名的地理學家賈耽（七三〇～八〇五年）的《皇華四達記》記載了從廣州通往阿拉伯地區的海上交通『廣州通夷道』，詳述了從廣州港出發，經越南、馬來半島、蘇門答臘半島至印度、錫蘭，直至波斯灣沿岸各國的航綫及沿途地區的方位、名稱、島礁、山川、民俗等。譯經大師義净西行求法，將沿途見聞寫成著作《大唐西域求法高僧傳》，詳細記載了海上絲綢之路的發展變化，是我們瞭解絲綢之路不可多得的第一手資料。

宋代的造船技術和航海技術顯著提高，指南針廣泛應用於航海，中國商船的遠航能力大大提升。北宋徐兢的《宣和奉使高麗圖經》詳細記述了船舶製造、海洋地理和往來航綫，是研究宋代海外交通史、中朝友好關係史、中朝經濟文化交流史的重要文獻。南宋趙汝適《諸蕃志》記載，南海有五十三個國家和地區與南宋通商貿易，形成了通往日本、高麗、東南亞、印度、波斯、阿拉伯等地的『海上絲綢之路』。宋代爲了加强商貿往來，於北宋神宗元豐三年（一〇八〇年）頒佈了中國歷史上第一部海洋貿易管理條例《廣州市舶條法》，并稱爲宋代貿易管理的制度範本。

元朝在經濟上採用重商主義政策，鼓勵海外貿易，中國與歐洲的聯繫與交往非常頻繁，其中馬可•波羅、伊本•白圖泰等歐洲旅行家來到中國，留下了大量的旅行記，記録元代海上絲綢之路的盛況。元代的汪大淵兩次出海，撰寫出《島夷志略》一書，記録了二百多個國名和地名，其中不少首次見於中國著録，涉及的地理範圍東至菲律賓群島，西至非洲。這些都反映了元朝時中西經濟文化交流的豐富内容。

明、清政府先後多次實施海禁政策，海上絲綢之路的貿易逐漸衰落。但是從明永樂三年至明宣德八年的二十八年裏，鄭和率船隊七下西洋，先後到達的國家多達三十多個，在進行經貿交流的同時，也極大地促進了中外文化的交流，這些都詳見於《西洋蕃國志》《星槎勝覽》《瀛涯勝覽》等典籍中。

關於海上絲綢之路的文獻記述，除上述官員、學者、求法或傳教高僧以及旅行者的著作外，自《漢書》之後，歷代正史大都列有《地理志》《四夷傳》《西域傳》《外國傳》《蠻夷傳》《屬國傳》等篇章，加上唐宋以來衆多的典制類文獻、地方史志文獻，集中反映了歷代王朝對於周邊部族、政權以及西方世界的認識，都是關於海上絲綢之路的原始史料性文獻。

海上絲綢之路概念的形成，經歷了一個演變的過程。十九世紀七十年代德國地理學家費迪南·馮·李希霍芬（Ferdinad Von Richthofen，一八三三～一九〇五），在其《中國：親身旅行和研究成果》第三卷中首次把輸出中國絲綢的東西陸路稱爲『絲綢之路』。有『歐洲漢學泰斗』之稱的法國漢學家沙畹（Édouard Chavannes，一八六五～一九一八），在其一九〇三年著作的《西突厥史料》中提出『絲路有海陸兩道』，蘊涵了海上絲綢之路最初提法。迄今發現最早正式提出『海上絲綢之路』一詞的是日本考古學家三杉隆敏，他在一九六七年出版《中國瓷器之旅：探索海上的絲綢之路》中首次使用『海上絲綢之路』一詞；一九七九年三杉隆敏又出版了《海上絲綢之路》一書，其立意和出發點局限在東西方之間的陶瓷貿易與交流史。

二十世紀八十年代以來，在海外交通史研究中，『海上絲綢之路』一詞逐漸成爲中外學術界廣泛接受的概念。根據姚楠等人研究，饒宗頤先生是華人中最早提出『海上絲綢之路』的人，他的《海道之絲路與昆侖舶》正式提出『海上絲路』的稱謂。選堂先生評價海上絲綢之路是外交、貿易和文化交流作用的通道。此後，大陸學者馮蔚然在一九七八年編寫的《航運史話》中，使用『海上絲綢之路』一詞，這是迄今學界查到的中國大陸最早使用『海上絲綢之路』的人，更多地限於航海活動領域的考察。一九八〇年北京大學陳炎教授提出『海上絲綢之路』研究，并於一九八一年發表《略論海上絲綢之路》一文。他對海上絲綢之路的理解超越以往，且帶有濃厚的愛國主義思想。陳炎教授之後，從事研究海上絲綢之路的學者越來越多，尤其沿海港口城市向聯合國申請海上絲綢之路非物質文化遺産活動，將海上絲綢之路研究推向新高潮。另外，國家把建設『絲綢之路經濟帶』和『二十一世紀海上絲綢之路』作爲對外發展方針，將這一學術課題提升爲國家願景的高度，使海上絲綢之路形成超越學術進入政經層面的熱潮。

與海上絲綢之路學的萬千氣象相對應，海上絲綢之路文獻的整理工作仍顯滯後，遠遠跟不上突飛猛進的研究進展。二〇一八年厦門大學、中山大學等單位聯合發起『海上絲綢之路文獻集成』專案，尚在醞釀當中。我們不揣淺陋，深入調查，廣泛搜集，將有關海上絲綢之路的原始史料文獻和研究文獻，分爲風俗物産、雜史筆記、海防海事、典章檔案等六個類别，彙編成《海上絲綢之路歷史文化叢書》，於二〇二〇年影印出版。此輯面市以來，深受各大圖書館及相關研究者好評。爲讓更多的讀者親近古籍文獻，我們遴選出前編中的菁華，彙編成《海上絲綢之路基本文獻叢書》，以單行本影印出版，以饗讀者，以期爲讀者展現出一幅幅中外經濟文化交流的精美畫卷，爲海上絲綢之路的研究提供歷史借鑒，爲『二十一世紀海上絲綢之路』倡議構想的實踐做好歷史的詮釋和注脚，從而達到『以史爲鑒』『古爲今用』的目的。

凡例

一、本編注重史料的珍稀性，從《海上絲綢之路歷史文化叢書》中遴選出菁華，擬出版百册單行本。

二、本編所選之文獻，其編纂的年代下限至一九四九年。

三、本編排序無嚴格定式，所選之文獻篇幅以二百餘頁爲宜，以便讀者閱讀使用。

四、本編所選文獻，每種前皆注明版本、著者。

五、本編文獻皆爲影印，原始文本掃描之後經過修復處理，仍存原式，少數文獻由於原始底本欠佳，略有模糊之處，不影響閱讀使用。

六、本編原始底本非一時一地之出版物，原書裝幀、開本多有不同，本書彙編之後，統一爲十六開右翻本。

目録

華夷花木鳥獸珍玩考（二）

華夷花木鳥獸珍玩考（二）

卷三至卷五

〔明〕愼懋官 選集

明萬曆間刻本

華夷花木考卷之三

吳興郡山人愼懋官選集

梓

爲木之長故材曰梓材匠曰梓人室有此木則餘材不復震或位置在他木下則有聲其異如此土以黄心者爲上

梓潭

梓潭昔有梓樹巨圍葉廣丈餘垂柯數畝吳王伐樹作船使童男女挽之船自飛下水男女皆溺死至今潭中時有歌唱之音

南山橋梓

伯禽與康叔見周公三見三笞之三子乃問商子商子曰南山之陽有木名橋南山之陰有木名梓何不往觀之二子往見橋木高而仰梓木實而俯還告商子商子曰橋者父道也梓者子道也

楝

花開芬香蒲庭其實如小鈴可以練故名爾雅翼謂鳳凰鵷雛皆食楝而蛟龍特畏之其材宜板櫬桔中尤宜之

桐譜一卷陳氏曰銅陵逸民陳翥撰

桐

圖經曰桐生桐柏山谷今處處有之其類有四種舊注云青桐枝葉俱青而無子梧桐皮白葉青而有子子肥美可食白桐有華與子其花二月舒黄紫色一名椅桐又名黄桐則藥中所用華葉者是也崗桐似白桐惟無子卽是作琴瑟者陸機草木䟽云白桐宜爲琴瑟雲南牂牁人績以爲布似毛布（廣志尤詳）是作琴瑟宜崗桐白桐二種也又曰梓實桐皮曰椅今人云梧桐也爾雅謂之櫬又謂之榮是白桐梧桐二種俱有椅名也或曰梧桐以知日月正閏生十二葉一邊

有六葉從下數一葉爲一月至上十二葉有閏十三葉小餘者視之則知閏何月也故曰梧桐不生則九州異或云今南人作油者乃崗桐也此桐亦有子頗大如梧子耳江南有頳桐秋開紅花無實有紫桐花如百合實堪糖煮以啖嶺南有刺桐葉如梧桐花側數如掌枝幹有刺花色深紅泉州刺桐初夏花開極鮮紅如葉先萌芽而花後發則五穀大熟丁晉公詠閩諺鄉人說刺桐葉先花發始年豐我今到此憂民切只愛青青不愛紅

徽宗目檉桐花曰珊瑚林　清明之日桐始華

桐山二所一所名張公山在邑北一所名巁崌山在邑西二山高大磅礴西北相雄峙土最宜桐結

實勝於他山計二山幹支所産歲收桐實不下數
萬石
葉左丞避暑録云惟黄山松豐腴堅緻與他州松
不同又多漆羅鄂州云新安墨以黄山名數十年
來乃在婺源黄𡶼山又云時議欲就禁菀爲窰稍
取九里松古松爲之彦衡以爲松生道傍平地不
可用其後衢池工者載他山松往亦竟不成
何遜遊山記曰吹臺有高桐皆百圍嶧陽孤桐方
此爲劣
梧桐岩間生者爲樂器則鳴

凡本實而末虛惟桐反之試取小枝削皆實堅其
本皆中虛故世所以貴孫枝者貴其實也實故絲
中有木聲也

蜀中桐材

晉武帝時吳郡臨平岸出一石鼓扣之無聲以問張
華華云取蜀中桐材刻作魚形扣之則鳴矣於是如
言聲聞數里

胡桐

西域傳車師國多檉梲胡桐白草孟康曰胡桐似桑
而多曲師古曰胡桐亦似桐不類桑也蟲食其樹而

汁出下流者俗名爲胡桐淚言似眼淚也可以汗金銀工匠皆用之

金井

世嘗言金井梧飄以葉上有金井字非井也

銀床

許彦周云嘉祐沙瀆漁人網得一小石刻詩曰井梧花落盡一半在銀床出注銀床井欄也

鳳條

歷城房家園齊博陵君豹之山也其中雜樹森竦或有人折其桐枝者君曰何謂傷吾鳳條自後人不復

折

破葉

李泌德宗在奉天召赴行在時李懷光叛歲又蝗旱議者欲赦懷光帝博問群臣泌破一桐葉附使者以進曰陛下與懷光君臣之分不可復合如此葉矣由是不赦

槐

春秋説曰槐木者虛星之精爾雅云槐有數種葉大而黑者名櫰公回切其葉可薦茶其花可染色其根又可作神燭

守宫槐

郭璞曰守宫槐晝日聶合而夜舒布也（葉細而青綠者但謂之槐）江東有木與此相反俗因名合昏古今註云合歡（合昏木名朝舒夕斂俗轉爲合歡）似梧桐枝葉互相結風來解使人不忿嵇康種之於舍前

聲音樹

都堂南門道東有古槐垂蔭至廣或夜聞絲竹之聲則省中有入相者俗謂之聲音樹南部新書

四女樹

山東東昌府四女樹在恩縣西北五十里有古槐一

章俗傳爲四女同植者

偃槐樹

在汾州治西年久朽如刳舟金皇統中有異士貨藥投樹復活因號偃槐

癭槐

華州三家店西北道邊有槐甚大葱鬱周廻可蔭數畝槐有癭形如二豬相趂奔走其廻顧口耳頭足一一如塑者

矮槐

在臨淄縣西北二十里郵亭處有古槐十株高五尺

許相傳宋藝祖未帝時過此常掛袍于上

鹵夏無槐惟夏州有一株他州或要其葉則移牒以取之

貞元中度支欲取兩京道中槐樹爲薪更栽小樹先下符牒華陰華陰尉張造判牒曰召伯所憩尚不翦除先皇舊遊豈宜斬伐乃止

王座陸槐樹

王座與世澄與朱廷佩交素莫逆成化庚子世澄夜坐室中聞鼓門聲啓視六人皆長髯着老揖曰予輩陸槐等是也與朱廷佩爲隣有年邇信讒人之言欲

害予輩知與君素善願乞解之世澄許諾六人忻謝而去翌日過廷佩家備述所求佩曰吾隣不識陸槐更思久之驚曰吾門有槐六株恰欲伐去作室於上何事物亦愛生如是遂舍之

榕

宋志引海物異名記云榕或作槦言材不中梓人也有二種一種矮而盤桓其鬚漬著地復生爲樹一種名赤榕最爲高大此二樹者爲蔭最濃人家於東北方空闕處及院落有餘地或於道路傍往往栽之以障風蔽日此樹生至福州而止因呼福州爲榕城云

栁宗元詩榕葉蒲庭鶯亂啼

木龍巖

瀘州寶山之址有古榕盤結如龍山谷題織

楊栁

江東人通名楊栁楊葉短栁葉長　扞楊栁北方諺云根要焦火燒畧焦則氣上行埋到腰

黃楊

木理堅而細其色黃俗說歲長三寸遇閏則退一寸東坡詩云園中草木春無數惟有黃楊厄閏年

青楊木

青楊木出峽中爲牀臥之無蚤

蜀柳

劉俊獻蜀柳狀若絲縷武帝種於靈和殿前因宴歎曰此柳風流可愛似張緒少年時

金絲柳

鳳縣出宋元豐間有旨下鳳州取金絲柳一百根

三眠柳

李義山賦注云漢苑有人形柳三眠三起

小李金碧山水

金沙苑是程多水途邊多楡柳沙陀高低樹青沙白

甚有可觀上曰此景猶小李金碧山水也

九烈君

三峯集曰李固言未第前行古槐下聞有彈指聲固言問之曰吾槐神九烈君也用槐汁染子衣矣科第無疑果得藍袍當以棗糕祀我固言許之未久及第

楷杖

楷木出曲阜孔林紋如貫錢有直性無横性製爲杖可以戒暴　子貢楷大倍他植枯而不蝕眞古木也　王世懋東游記

樅

字䖍檜栢葉松身則葉與身皆曲樅松葉栢身則葉與身皆直樅以直從檜以曲會

手植檜

大不能抱枯幹無枝縷紋左向色理甚古讀其碑始知再榮異代生理猶存爲之吐舌子不語怪胡此變相無殊二氏耶

陳朝檜

陳朝檜在山之西陳天嘉二年所植二株其一爲人所薪其一至今尤存　東坡詩雙幹一先神物化九朝三見太平年

御愛檜

亳州太清宮以真宗將幸宮殿有老檜南枝礙簷將加斤斧一夕大風雷比曉檜枝已轉而北矣真宗甚愛之因謂之御愛檜

宣和檜

宣和後四年始成御製記文凡數千言有金枝産於萬歲峯改名壽岳旁有兩檜一夭嬌者名曰朝日昇龍之檜一偃蹇者名曰臥雲伏龍之檜皆玉牌填金字書之岩曰玉京獨秀

乾陵木

謹按陶隱居説栢忌取塚墓上者今云出乾州者最
佳則乾州栢葉茂大者皆是乾陵所出他處皆無大
者但取其州土所宜子實氣味豐美可也乾陵之栢
異於他處其木未有無文理者而其文多爲菩薩雲
氣人物鳥獸狀極分明可觀有盜至一株徑尺者可
直萬錢闗陝人家多以爲貴宜其子實最佳也
天齊淵在臨淄縣魏永平中出木五齊天保中出
木四皆五采類栢木
孔明廟前有老栢柯如青銅根如石霜皮溜雨四
十圍古幹參天二千尺

騎駼栢

騎駼栢在鳳凰山有紫栢十圍根盤石上如騎駼

合掌栢

唐太常博士崔石云汝西有練溪多異栢及暮秋葉歛俗呼合掌栢

塞外奇觀

峽之南山皆土而北山盡石巉嵒峭削有小石戴大石層疊高低宛如人所爲者自輿和至此地無寸木但荒草而已惟砦壁之半生栢樹一株甚青翠可愛如江南人家花圃所植者幼孜呼光大曰此亦塞外

一奇觀

樹發異聲

宋余尚書靖慶曆中知桂州州境窮僻處有林木延袤數十里每月盈之夕輙有笛聲發于林中甚清遠土人云聞之已數十年不詳其何怪也公遣人尋之見其聲自一大栢樹中出乃伐取以爲枕笛聲如期而發甚寶惜之凡數年公之季弟欲窮其怪命工解視但見木之文理正如人在月下吹笛之像雖善畫者不能及重以膠合之則不復有聲矣

栢柱

在白帝城西大十圍高三丈世傳爲公孫述時樓柱
斫之出血枯而不朽

松

唐衛公李德裕書三鬣松與孔雀松别
松有二種惟五葉者結子
保定路松山山多松木皆大數十圍遇風則數十
里若笙簧
武當山記負欻巘宮前古松數百株皆參天倚雲
枝葉扶疎上聳可數譬如大駕郊行巨人力士高
執雲幢星盖以從

衡神祠其徑綿亘四十餘里夾道皆合抱松桂相間連雲蔽日人行空翠中而秋來香聞十里計其數云一萬七千枝眞神幻佳境也

陸龜蒙怪松贊曰有道人自天台來示余怪松圖披之甚駭人自盤根于嵓穴之内輪囷逼側而上身大數圍而高不四五尺礧砢然蹙縮然幹不假枝枝不假葉有若龍攣虎跛壯士囚縛之狀

周景式廬山記曰石門北巖即松林也南臨石門澗澗中仰視之離離如駢麈尾號麈尾松

壽松在建昌縣北五里冷水觀一名掛劍松古老

相傳許遜曾掛劍於此其松盤屈奇怪宋寶慶初知縣曹豳創亭扁曰千歲靈根又於門外榜曰煙蘿勝景嘉定間縣丞李鴻漸刻圖于石

吳地記松陽縣在南臨大溪有松樹大八十一圍中空可容三十人坐取此以爲名

白松

白松如傳粉一本三榦高十數仞本大四抱餘本畔一竅常流液甘甚謂歲兩脫膚根盤據枝若拏虬葉秀翠且硬世傳漢有閨女僊化葬此此其塚上物也在天僊洞殿後寄縣東三里

金松

台州府境出垂條如弱栁結子如碧珠三年子乃一熟每歲生者相續一年上綴於條上璀錯相間

塔松

狀似杉而葉圓細亦不能高重重偃蹇如浮圖至山頂尤多

義松

蓮城縣有義松郭祥正古驛森蒸竹蓮城挺義松

五釵松

幹本挺矗畧無岐柯圓銳而上望如浮圖一葉五釵

膚理綜縝相傳金地藏新羅種也今惟塔前一株

摩頂松

玄奘往西域見其松以手摩其枝曰吾西去求佛教汝可西長吾歸卽東回使吾弟子輩知之旣去松枝年年西指一年忽東回弟子曰教主歸矣果還至今謂之摩頂松

予爲中山守始食北嶽松膏爲天下冠其木理堅密瘠而不痒信殖物之英烈也謫居羅浮山下地煖多松而不識霜雪如高才勝人生綺紈家與孤臣孽子有間矣士踐憂患安知非福幼子過從南

來畫寒松偃蓋爲護首小屏爲之贊
克忒克剌華言半箇山山甚峻拔遠望如坡故名
入此河稍狹山攢簇多松林　上曰此松林甚似
江南至前山水益清秀可愛孰謂虜地有此奇觀
也

松化石

拔野古亦鐵勒之别部在僕骨東境勝兵萬其地豐
草人皆殷富其酋俟利發屈利失貞觀二十一年舉
其部來降其地東北千餘里曰康干河有松木入水
二年乃花爲石其色青有國人居住其人謂之康干

石其松爲石以後仍似松文　在永康縣東北延貞觀前唐建中間道士馬自然指庭松曰此松巳三千年矣當化爲石至夕大風雨其松果化近觀山中松皆化爲石夫天地間氣化形化萬有不齊松之化石無恠也但云三千年則化此未可拘余嘗過中部之橋山見古栢堎霄大可二丈圍皆軒轅時物迄今盖四千三百年矣盤鬱蒼翠仍故物也

吉水縉紳解學士七歲時其母居孀苦於里胥催徵之急解具訴於縣宰併系以詩邑宰意其假手於人即指堂邊小松爲題令再賦應聲曰小小青

松未出欄枝枝葉葉耐霜寒如今正好低頭看他日參天仰面難邑宰大奇之遂蠲其税

鄭少師於里第植小松七本號七松處士嘗曰異代可對五柳先生

發燭

杭州削松木爲小片其薄如紙鎔硫黃塗木片頂分許名曰發燭又曰焠兒蓋以發火及代燈燭用也史載周建德六年齊后妃貧者以發燭爲業豈即杭人之所製與宋翰林學士陶公穀清異録云夜有急苦於作燈之緩有知者批杉條染硫黃置之待用一與

火遇得燄穗然既神之呼引光奴今遂有貨者易名火寸按此則焠寸聲相近字之譌也然引光奴之名爲新

杉

插杉用驚蟄前後五日　鄧德明南康記曰南野巘山有漢太傅陳蕃遥望兩衫樹聳柯出嶺垂蔭覆谷

七星杉

游名山志曰華子崗上紫杉千仞被在崖側

七星杉在麻姑山殿後嶺上圍二三丈高切雲漢横列七株故以星名

宋淳熙年間古杉生花在九座山其香如蘭

龍標武陽山有儂人每土人聚即來入衆莫辯惟脚趾向後踵向前以刀斫之不死唯以杉木爲刀礙之方去出杭州郡國志

樟

正義云豫今枕木章今樟木二木生至七年枕樟乃可分別又豫章郡名應劭曰有豫章生於庭中故以名郡　按此樹最大可解爲卓面及爲船其氣中烈熬其汁可爲腦置水上火燃不熄結子可笮油　神木廠所苦大木皆永樂中肇建宮殿之賸物也其最

巨有樟扁頭者（樟木其頭扁蓋當時穿之以施拖曳力也廠中木惟此最鉅守廠者特以樟扁頭呼之入者必觀焉）圍二丈長卧四丈餘騎而過其下高可以隱近年覆芘不時風雨震淋朽腐已侵半矣當時殿閣之用如扁頭類吾不知其幾

壽樟

在建昌縣治南宋黄庭堅記項安世作壽樟亭初邑人李左司公懋仕于朝高宗嘗問樟公安否奏以枝葉婆娑四時常青何萬幾之暇眷眷乎遐方一樟哉必閭閻纖悉轉而上聞抑念世家仁及此木也紹定間縣令陳文孫刻圖于石

枳柜

廣志曰枳柜葉似蒲柳子似珊瑚其味如蜜十月熟樹乾者美出南方邳郯枳柜大如指詩曰南山有枸毛云柜也義疏曰樹高大似白楊在山中有子著枝端大如指長數寸噉之甘美如飴八九月熟江南者特美今官園種之謂之木蜜本從江南來其木令酒薄若以爲屋柱則一屋酒皆薄岑樓愼氏曰郎圖經所謂接骨木也

古度樹

南越志云古度樹一呼那子南人號曰柁日亞反不華而實實從木皮中出如綴珠璫其實大如櫻桃黃即

可食過則實中化蛾飛出亦有爲蚊子者

臙脂木

堅緻色如臙脂可鏇作出融州及州洞桂林屬縣亦有之

乾陀木

乾陀木生安南皮厚堪染者葉如櫻桃

石南

南方記曰石南樹野生二月花色仍連著實實如鷰卵七八月熟人採之取核乾其皮中作肥魚羮和之尤美出九眞

獨木船

蠻地多楠有極大者刳以爲舟

其地多山産美材銕栗木居多有力者任意取之故人家治屋咸以銕栗臭楠等良材爲之方堅且久若用雜木多生蛀蟲大如吳蠶日夜嚙梁柱中礫礫有聲不五年間皆空中遂至傾倒其銕栗有參天徑丈餘者廣州人多來採製椅卓食隔等器鬻於吳浙間可得善價吾吳浙最貴此木見手鏡

水綿

此樹福州人呼曰水松莆人呼曰水綿以其性好近

水而皮溫厚如綿也樹高數丈其枝喬而上勾其葉散碎紛披其根歲久礌砢奇古于家有百章人憐愛之

椿樹芽

本草有椿木樗木舊不載所出州土今處處有之二木形榦大抵相類椿木實而葉香可噉樗木踈而氣臭膳夫熬去其氣亦可噉北人呼樗爲山椿江東人呼爲虎目葉脫處有痕如樗蒲子又如眼目故得此名夏中生莢樗之有花者無莢有莢者無花莢常生臭樗上未見椿上有莢者然世俗不辨椿樗之異故

俗名爲椿莢其實樗莢耳其無花不實木大端直爲
椿有花而莢木小幹多迂矮者爲樗

楮穀

皮斑者是楮皮白者是穀皮可作紙實味甘　其皮
可擣以爲紙江南人或漬以爲布廣州記曰蠻夷取
穀皮熟搥以擬氈汁能寫金葉初生亦可茹

榿

榿木名杜甫詩飽聞榿木三年大爲致溪邊十畝陰
注蜀人以榿爲薪三年可燒蘇文忠詩芋魁徑尺
誰能盡榿木三年已足燒

平仲

吳都賦平仲注曰木名劉成曰平仲之木實白如銀平本作枰上林賦華楓枰櫨其木理平可爲棊局故棊盤曰枰唐詩芳春平仲綠清夜子規啼是也

鬱

豳詩義疏曰其樹高五六尺實大如李正赤色食之甜

朱槿

本草名麗木又名蕣華汝陽王戴研絹帽打羯鼓上摘紅槿簪其帽曲終花不墜　東方朔傳曰朔書與

公孫弘借車馬曰木槿夕死朝榮士亦不長貧

蕣木

顧微廣州記曰平興縣有華樹似槿又似桑四時常有花可食甜滑無子此蕣木也　詩曰顏如蕣華義疏曰一名木槿一名王蒸

丹藜

藜王彗今落帚初生蒸爲茹詩北山有萊是也大可爲杖禮記原憲杖藜應門史記黃石公鬚眉皆白狀杖丹藜履赤舄又劉向太乙燃青藜

煙如線

關中有白蕤棫樸也燒之其煙與他木異上直如線高五七丈不絕

馬勃

衍義曰馬勃此唐韓退之所謂牛溲馬勃俱收並蓄者也有大如斗者小亦如升杓

椶

說文椶櫚也以木椶聲可作萆廣雅并閭椶也玉篇一名蒲葵張揖曰木高一二丈傍無枝葉如車輪皆萃於木杪其下有皮重疊裹之每皮一匝爲一節花黄白結實作房如魚子狀

藚草

王叡迎神歌云藚草頭花椰葉裙蒲葵樹下舞蠻雲

今作藚草蒲葵卽椶櫚也

葴將

上林賦葴橙若蓀李善本作葴持張揖曰葴持缺盆

未詳也葴音針至諶切乃馬藍也又作寒將卽蘪蔣

善本蓋誤以將作持也當補文選注

⿰木黏柀

柀小而美者出於黟古稱柀出玉山世以爲上饒而

漢志歙有玉山未知孰是其木爲什器几案則明潔

而宜漆爾雅曰櫨柀按二物葉甚相類但櫨聳而柀垂柀又有佳實此爲不同耳見徽州府志

楛音戶切云木中矢

楛荆楚中貢簵楛疏曰上黨人簽以爲箱器珍以爲釵

抱木

抱木產水中葉細如檜其身堅類栢惟根軟不勝刀鋸今潮州新州多剗之爲䉏

石帆

此海樹也紫黑色其根株著石其枝柯如鐵綆相勾

聯高一二尺許疑以其扁薄如帆故呼石帆今人取置花盆中以爲玩

踈麻

南越志踈麻大二圍高數丈四月結實無衰落盖木也楚辭采踈麻兮瑤華注以爲麻誤矣麻何以可對瑤華並稱也

膏夏

膏夏大木也其理密白如膏故曰膏夏淮南子曰巫山之上順風縱火膏夏紫芝與蕭艾俱死

梣木

梣木色青翳梣木苦歷木名也生於山剥取其皮以水浸之正青用洗眼瘉人目中膚翳故曰色青翳青色象也

建木

績按海內經有木青葉紫莖玄華黃實名曰建木百仞無枝有欘下有九枸其實如麻其葉如芒大皞爰過黃帝所爲又海內南經有木其狀如牛引之有皮若瓔黃蛇其葉如羅其實如欒其木若蓲其名曰建木在窫窳西弱水上註青葉紫莖黑花黃實其下聲無響立無影也

若木

若木在建木西末有十日其華照下地

檍

周禮考工記弓人取材檍次之爾雅杻檍徐按草木疏此木枝葉可愛二月華白子似杏今官園種之取億萬之義改名萬歲樹齊謝朓詩風動萬年枝是也

大蒿

容梧道中久無霜雪處年深滋長大者可作屋柱小亦中肩輿之杠

楸

釋木云大而皵楸小而皵榎楸梧早脫故楸謂之秋

楸美木也故曰山居千章之楸其人與千戶侯等

今鄉謂之絲楸謂之線按楸有行列莖幹喬聳凌雲

華高可愛至秋垂條如線俗謂之楸線

檜材難得十全魏州石屋林多有之楊師厚時賜

鎗效節軍皆采于此園典所用多是絕品聖龍筋

餘軍不過四五等托地僊長腰奴范陽嬌金稍最

兒是也更有風火枝聖軸蜒頗曲弱軍中不取

樹爲人狀

哀帝建平三年十月汝南西平遂陽鄉柱仆地生枝

如人形身青黃色面白頭有鬚髮稍長大眉長六寸一分京房易傳曰德衰下人將起則有木生爲人狀

龍樹

華氏國國城之北有大山焉北去八里有大樹蔭覆五百大龍其樹王名龍樹常爲龍衆説法

龍鱗木

袁州萍鄉東客有用錢六十緡市之其木夜生龍鱗客遂不敢伐

木龍樹

徐之高冢城南有木龍寺寺有三層轉塔高丈餘塔

側生一大樹縈繞至塔頂枝榦交橫上平容十餘人坐枝杪四向下垂如百子帳莫有識此木者僧呼爲龍木梁武曾遣人圖寫焉

濯龍樹

漢獻帝建安五年正月在洛陽起建始殿伐濯龍樹而血出通考

樹化鴛鴦

宋韓明妻美康王奪之妻自殺王埋之經宿生樹枝體相交王欲伐之化爲鴛鴦飛去

樹産異物

隋末長安禁苑内一大樹冬月雪中忽花葉茂盛及凋謝結實其子光明璨爛如火之明焉數日皆化爲紅蛺蝶飛去至明年唐高祖自唐國入長安此其前兆也見瀟湘録

太平木

唐大曆中成都百姓郭遠因樵獲瑞木一莖理成字曰天下太平詔藏於祕閣

三字薪

齊永明九年秣陵安時寺有古樹伐以爲薪木理自然有法天德三字

天下趙

予至真苗守再成爲予言近有樵人破一樹樹中有生成三字曰天下趙亟取木視之果然木一丈二尺圍其字青而深半樹解楊州半樹留真州三字瞭然不可磨也以此知我朝中興天必將全復故疆真州號迎鑾藝祖發迹于此非在天之靈所爲乎 皇上著姓復炎圖此是中興受命符獨向迎鑾呈瑞字爲言藝祖有靈無 見文山全集

唐永昌中台州司馬孟詵奏臨海水下馮義得石連理樹三株皆白石天成 見洽聞紀

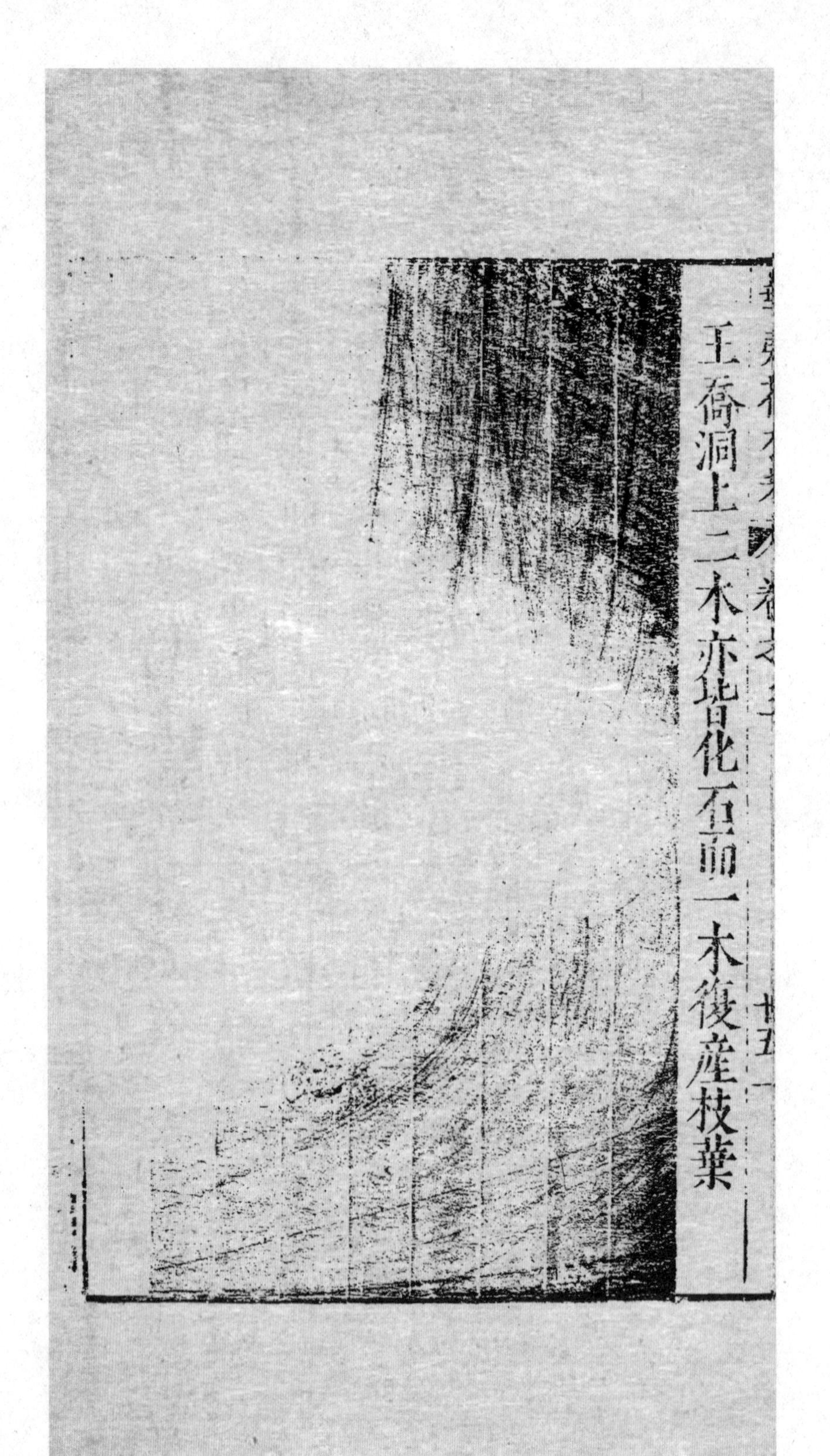

王喬洞上二木亦皆化石而一木復產枝葉

華夷花木考卷之四

吳興郡山人愼懋官選集

玉蘂名鄭花

此花條蔓而生狀如荼蘼栀葉紫莖冬凋春茂花鬚出殆如氷絲上綴金粟花心復有碧筩髣髴膽瓶其中別抽一英出衆鬚上散爲十餘蘂猶刻玉然名爲玉蘂乃在於此皆羣芳所未有也　長安唐昌觀惟有一株或詩之曰一樹瓏鬆玉刻成則其葩蘂形似畧可想矣春花盛時傾城來賞至謂有僊女降焉元白皆賦詩以實其事則爲時貴重又可知矣　曾端

伯曰長安唐昌觀所植存否不可知惟閏州招隱寺之花識者鮮不爲之稱賞　方輿勝覽云四川合州銅梁山上有玉蘂花及桃竹杖　韋應物帖云京師重玉蘂花比至江南漫山皆是土人取以供染事不甚愛惜則是江南有花瓏鬆而白其葉可用以染者真唐昌之玉蘂矣　予父山泉慕玉蘭之美致東於姑蘇郡守求之其花一蘂一兩但以得之爲幸不暇計其真之多少也至予游天目適以事至武康大楊墳烏程和平鎮仰視山木大者數圍其次森森如列戟然開花爛目予問山人此何木也山人以望春答

之及予細閱枝葉香色宛然玉蘭卽命從者掘植園中戲謂父曰是何舍近而求諸遠也父尚猶豫俟明年花開以玉蘭並之初無他異及視瓣底則玉蘭純白望春帶紫以爲小異耳吁近在目前且難遽得其眞況於數百載之玉蘂瓊花豈容以意見度乎書此以俟後人當嚴眞僞之辯

玉蘂院眞人降

上都安業坊唐昌觀舊有玉蘂花甚繁每發若瑤林瓊樹元和中春物方盛車馬尋玩者相繼忽一日有女子年可十七八衣繡綠衣乘馬峩髻雙鬟無簪珥

之飾容色婉約逈出於衆從以二丱冠三女僕者皆草頭黄衫端麗無比旣下馬以白角扇障面直造花所異香芬馥聞於數十步之外觀者以爲出自宮掖莫敢逼而視之佇立良久令小僕取花數枝而出將乘馬迴謂黄冠者曰曩者玉峯之約自此可以行矣時觀者如堵咸覺煙霏鶴唳景物輝煥舉轡百步有輕風擁塵隨之而去須臾塵滅望之已在半天方悟神僊之遊餘香不散者經月餘日時

瓊花

一名玉蘂花在蕃釐觀内或云唐所植天下獨一株

故宋歐陽修作無雙亭以賞之元至正間朽以八僊花補之鄭惠剔辯其不同者有三瓊花大而瓣厚色淡黃不結子而香葉柔而瑩澤八僊花小而瓣薄色微青結子而不香

龍骨花

舊志云在黃梅縣皷樓東牆上傳說其樹生於前元時與楊州瓊花彼此獨立一株花開時則大風清可掬他處罕有今花廢惟存故事

桂

桂梫木也數品或白或黃或紅或紫黃者能著子然

不如紅者紫者尤佳也此花四出或五出或重臺徑二三分圓瓣令有一種四季著花亦有每月一開者亦有春而著花者香皆不減於秋　陸佃云木葉皆一脊惟桂三脊　玉虛宮六圖述齋堂前老桂三其最大者以指挈之得二十二圍雖柯幹方盛然葉遲如子母錢花枝間時時綴數點不能多獨異香不減他植一本十圍空中立枯猶崛強如平昔一本十三圍偃蹇墻下若付是非欣戚于人者蓋皆百餘年物也　慶元府象山州東一百六十里有山如象形東南北皆至海惟西南有陸路接台州寧海縣界山出

紅木犀嘗移植禁中　高宗雅愛書爲扇面且賦以詩詩云月宮移向日宮栽染得嬌容入面來多謝秋風揚雨露丹心一一爲君開

桂酒

博羅有桂可以釀酒宋蘇軾桂酒頌有隱者以桂酒方教吾釀成而色香味超然非世間物也

桂蠹

桂蠹形如新生小鼠產于桂樹偷食蜂蜜人以入口即化爲蜜其香甚奇尉佗曾獻漢文帝

黃雪

雪白也止可以詠梅花宋人盧梅坡尚以爲須遜其
白而詩人乃以梨花爲白雪雪未聞有黄也而于武
陵詠木樨曰夜探黄雪作秋光謝無逸曰白雪凝酥
點嫩黄楊廷秀曰雪花四出翦鵝黄

指田

一花名指田五六月開花細而正黄頗類木樨中多
須葯香亦絶似其葉可染指甲其紅過於鳳鮮故名
甚可愛彼中亦貴之後閩稽含南方草木狀云胡人
自大秦國移植南海見手鏡

指甲花

一名七里香樹婆婆畧似紫薇蕋如碎珠紅色花開如蜜色清香襲人置髮間久而益馥其葉擣可以染甲鮮紅見僊遊縣志

名香

廬山瑞香天聖中始傳訥禪師云山中瑞香一朝出天下名香獨見知張祠部圖之強名佳客以瑞為睡

山茶花

樹高者丈餘低者二三尺許枝幹交加葉硬有稜稍厚中闊寸餘兩頭尖長三寸許面深綠光滑背淺綠花有數種寶珠茶雲茶石榴茶海榴茶躑躅茶茉莉

茶真珠茶串珠茶正宮粉寨宮粉一捻紅照殿紅千葉紅千葉白者不可勝數葉各不同海榴茶花青蔕而小石榴茶中有碎花躑躅茶山躑躅樣宮粉茶串珠茶皆粉紅色其中最佳者寶珠茶也或又言此花品者有黃者然亦鮮見矣　南山茶葩蕚大倍中州者色微淡葉柔薄有毛結實如梨大如拳中有數子如肥皂子　秀山有山茶一株花如木芍藥中原所未見也　鶯聲老矣移雖晚鶴頂丹時看始嘉雨葉鱗鱗成小盖春枝艷艷首群花

海棠記一卷陳氏曰吳人沈立撰

賈躭著百花譜以海棠爲花中神僊

海棠

嘉定海棠山在石碑山上皆植海棠爲郡守宴賞之地　保寧海棠溪在州城對江多海棠　楚淵材三恨一恨鰣魚多骨二恨金橘太酸三恨海棠無香吾杭附郭錢塘縣舊有吳越時羅江東隱手植海棠一本王黃州元之賞題詩云江東遺跡在錢塘手植庭花蒲院香若使當年居顯位海棠今日是甘棠觀此杭州海棠亦香矣不特昌州然也但恐詩人重稱過實徒謏其韻不能慰彭淵材之恨耳　冬至日早

以漕水澆根其花鮮盛花結子剪去來年花盛蘼葉

用薄荷水浸之則開　傳芳遠遠自西隣錦傘高

張熨眼新花睡覺來紅泪落年年如憶故宮春

睡未足

明皇一日登沉香亭妃子時卯酒未醒扶掖而至帝

笑曰是豈妃子醉海棠睡未足耳太眞妃外傳坡詩

云只恐夜深花睡去高燒銀燭照紅粧

毋名海棠

杜草堂先生本集未嘗有一詩說著海棠以其所生

毋名海棠故也

木蘭

蜀本圖經云樹高數仞葉似菌桂葉有三道縱文皮如板桂有縱橫文任昉述異記云木蘭川在潯陽江中多木蘭又七里洲中有魯班刻木蘭舟至今在洲中今詩家云木蘭舟出於此　木蘭堂多爲太守游燕之地范文正公作守時嘗賦詩云堂上列歌鍾多憨不如古却羨木蘭花曾見霓裳舞白樂天在蘇嘗教倡人爲此舞也　堂之前後皆植木蘭幹極高大

佛桑

其葉似桑其花深紅俗呼照殿紅四時常開

莎羅木

生極高坪上當春五花爛開支幹曲屈如龍蛇狀亦
堪爲杖然終不若邛竹爲佳

莎羅花

其木大小不常與凡木全別每七葉九葉叢生苞如
人面眉目宛然花似牡丹相倚而生色類拒霜香如
菡萏

三色石枬花

衡山石枬花有紫碧白三色花大如牡丹亦有無花
者

灌縣西南八十里自青城之長平山捫蘿而上由鳥道三十里許平阜數十畝有高樹蔽天春深先花後葉狀若芙蓉香類牡丹譙定夫李浩隱其中宋范成大詩千丈牡丹如錦蓋人間姚魏敢爭先

蘋陽花

元載芸暉前有池悉以文石砌岸中有蘋陽花亦類於白蘋其花紅而且大有如牡丹

石巖花

與杜鵑花本一種石巖先敷葉後着花其色丹如血杜鵑先着花後敷葉色差淡

鶴林神女

潤州鶴林寺有杜鵑花寺僧相傳云正元中外國僧自天台鉢中以藥養其本來植此寺人或見女子紅裳佳麗遊於花下俗傳花神東坡詩云鶴林神女無消息

初見杜鵑花

半嶺晴開半嶺霞隔江錯訝日西斜東行春氣深如許纔見東風第一花

素馨

素馨有白有淡黄或曰即茉莉雙瓣者即茉莉单瓣

者素馨龜山志又云素馨四瓣南方草木記曰胡人自西國移植南海陸賈南行紀曰南越五谷無味百花不香獨有二花不隨水土而變然素馨之香不如茉莉而茉莉又有一種紅者但無香耳在佛書名曰悉那茗廣東昔有劉王女素馨者其冢在陽江縣上生此花因其名故名素馨

茉莉花亦少如番禺以淅米漿日溉之則作花不絕可耐一夏花亦大且多葉倍常花六月六日又以治魚腥水一溉益佳

六出

蜀有紅梔花其形六出孟知祥召百官於芳林園賞之

添色芙蓉花

晨開正白午後微紅夜深紅

文官花

邛州有弄色木芙蓉一日白次日淺紅三日黄四日紅深比落紫色人號文官花

芙蓉城

蜀孟昶僭擬宮苑城上盡種芙蓉謂左右曰眞錦城也

詩諫

孟叔後主於羅城上多種芙蓉每至秋時四十里皆鋪錦繡高下相照張立作詩曰四十里城花發時錦囊高下照坤維雖粧蜀國三秋色難入豳風七月詩及廣政末朝政亂立又爲詩曰去年今日到成都城上芙蓉錦繡舒今日重來舊游處此花憔悴不如初若立者可謂能以詩諫者也

碧芙蓉

碧芙蓉香潔菡萏偉于常者載因暇日凭欄以觀忽聞歌聲清亮若十四五女子唱焉其曲則玉樹後庭

蜀有紅梔花其形六出孟知祥召百官於芳林園賞之

添色芙蓉花

晨開正白午後微紅夜深紅

文官花

邛州有弄色木芙蓉一日白次日淺紅三日黃四日紅深比落紫色人號文官花

芙蓉城

蜀孟昶僭擬宮苑城上盡種芙蓉謂左右曰眞錦城也

時不落也

密蒙花

產自川蜀木高丈餘葉青冬不凋零花紫瓣多細碎千房一朶故謂密蒙

新雉

茸泉賦列新雉於林薄服虔曰新雉香草也雉夷聲相近師古曰草藂生曰薄新雉卽辛夷耳爲樹甚大非香草也其木枝葉皆芳　辛夷先花後葉卽木筆花也最先春以具花未開時其花苞有毛光長如筆故取象曰木筆有紅紫二本一本如桃花色者一本

紫者

題靈隱寺紅辛夷花戲酬光上人

紫粉筆含尖火燄紅胭脂染小蓮花芳情香思知多
少惱得山僧悔出家

荆

春秋運斗樞曰玉衡星散爲荆　爾雅翼云凡木心
圓荆心方

白荆

出吳興玉虛洞後花白似雪邑人爭賞之又有一種
茄花色者柔媚可愛

俗諺云大樹大皮褁小樹急弸弸乃宋僧行持作也全詩云大樹大皮褁小樹小皮纏庭前紫荆樹無皮也過年行持明州人盖有高行而善滑稽者

見紫薇花憶微之

一叢暗淡將何比淺碧籠裙襯紫巾除却微之見應愛人間少有别花人

白鶴花

如白鶴立春開

燕子花

紫花全類燕子生於藤一枝數葩見溪蠻叢笑

史君子花

蔓生作架植之夏開一簇一二十葩輕盈似海棠

花如芍藥

張文潛鴻軒下有薔薇花大如芍藥

賜錦袍

唐宋詩話徐知告會客令賦薔薇詩先成賜錦視陳濬先得之

金莖花

金莖花如蝶每微風至則搖蕩如飛婦人競採之以爲首飾且有語曰不戴金莖花不得入僊家

金錢花

本出外國梁大同一年進來中土梁時荆州掾屬雙六賭金錢錢盡以金錢花相足魚弘謂得花勝得錢

比閭花

白州比閭華其華若羽伐其木爲薪終日火不敗

葵

爾雅翼云葵爲百菜之王味尤甘滑天有十日葵與之終始故葵以癸　葵花一名蜀葵或曰自蜀來者也其色多生在盛夏中亦有秋生者皆能自衛其足故李太白亦稱曰衛足　左傳仲尼曰鮑莊子之智

不如葵葵猶能衛其足莊子居亂不能危行言遜以致刖足　蜀葵可以緝爲布枯時燒作灰藏火火久不滅花有重臺者

成化甲午倭人入貢見蜀葵花不識因問國人給之曰此一丈紅也其人以紙狀其花題云花於木槿花相似葉與芙蓉葉一般五尺闌干遮不盡尚留一半與人看異國亦有此能詩者

錢葵

錢葵叢低又一種千葉可愛

水僊花

單葉者呼金盞銀盤心深黄有千葉者花片捲緫簇

戚下輕黃上淡白此眞水僊　其色白香麗可愛山谷詩曰何時持上紫宸殿乞與宮梅定等差其見重如此　種水僊詩訣云六月不在土七月不在房栽向東籬下花開朶朶香　湯夷華陰人服花八石得爲水僊名河伯

萱花

一名忘憂其葉四垂其跗六出鹿好食之名鹿葱婦人有孕者服之尤良故又名宜男　療愁花萱草別名　詩萱草兒女花不解壯士憂　誰植孤根對北堂朱門開似避羣芳我終未會忘憂意憂國憂家未

可忘

鳳僊花

又名金鳳花晏同叔所謂九苞顏色春霞萃者也有紅白紫藍四色

凌霄

花中露水損人目

野悉蜜花

野悉蜜出佛林國亦出波斯國苗長七八尺葉似梅四時敷榮其花五出白色不結子花開時遍野皆香與嶺南詹糖相類西域人常採其花壓以爲油塗甚

香滑

蘭

石門山在慶符縣治南下瞰石門江其林簿間多蘭有春蘭秋蘭鳳尾蘭素蘭石蘭竹蘭春蘭花生葉下素蘭花生葉上黃庭堅幽芳亭記一幹兩三花而香有餘者蘭一幹十數花而香不足者蕙一名蘭山蜂採百花俱置翅股間惟蘭花則拱背入房以獻於王物亦知蘭之貴如此

伊蘭花

蜀中有花名賽蘭香花小如金粟香特馥烈戴之髮

髻香聞一步經日不散曾少岷爲余言此花之香冠于萬卉

紅荳蔻花

叢生葉瘦如碧蘆春末發初開花先抽一幹有大籜包之籜解花見一穗數十蘂淡紅鮮妍如桃杏花色蘂重則下垂如蒲萄又如火齊纓絡及剪綵鸞枝之狀此花無實不與草荳蔻同種每蘂心有兩瓣相並詞人托興曰比目連理云

菊譜一卷陳氏曰史正志志道撰　所宜貴者苗可以菜花可以藥囊可以枕釀可以飲鍾會賦以

五美圓華高懸準天極也純黄不雜后土色也早植晚發君子德也冒霜吐頴象勁直也杯中體輕神僊食也序畧

范村梅菊譜二卷陳氏曰范成大至能撰　菊有黄白二種而以黄爲正故余譜先黄而後白序畧

菊

菊花按爾雅名治蘠凡數種瞿麥爲大菊馬藺爲紫菊烏喙苗爲鴛鴦菊旋覆花爲　菊又有所謂筋菊有所謂白菊有所謂黄菊或名曰精或名周盈或名傳延年又有紫莖氣香而其味美者又有青莖而大

氣味苦不堪食者自昔品名爲最多前賢譜之者或謂有二十七種或謂有三十五種劉家菊譜敘花數總三十有五品或謂有三十六種范至能菊譜敘東陽人家菊圖多至七十種淳熙丙午范村所殖正得三十六種且猶以爲未備也今據耳目之所接者言之有淡黃者有深黃者有鵞黃者有鬱金黃者有正黃色且不止此或純白或外白內黃或黃心白葉或深紅或淺紅或淺紫猶未也白單葉白多葉白五出白雙紋或不過六七葉或葉捲爲筒或葉細如葺有鈴葉者有鐸葉者抑末也或以五月開夏萬鈴開以五月紫色細鈴或以六月開夏金鈴深黃千葉以六月開波斯菊一枝只一葩

倒垂如髮之鬈順聖淺紫一花不過六七葉每葉盤疊三四葉此花最大

秋菊落英

王荆公殘菊詩黄昏風雨打園林殘菊飄零滿地金歐陽公見之戲荆公曰秋花不比春花落憑仗詩人仔細看荆公聞之笑曰歐陽九不學之過也豈不見楚詞云夕餐秋菊之落英

菊有黄華

吾鄉范文穆公至能作菊譜言月令以動植志氣候如桃桐萑直云始華而鞠獨云菊有黄華豈以其正

色獨立不伍衆草變詞而言之與予始甚疑之信如譜中所載其色已不勝其多而月令獨云菊有黄華何也及來河南行熊耳錦屛虢農峭函諸山時正秋草木俱衰謝盡山上下暨水厓籬落皆黄菊大如錢藂生粲然乃悟河南爲中州得風氣之正黄爲正色而正秋時着花隨地皆有此月令紀候所以獨言之也然則如譜中所載諸品得無人智力變幻所致與則其見述于月令宜矣

接菊法

黄白二菊各去半幹而合之其開花黄白相半以蓮

葯投靛甕中經年移種則發碧花芙蓉先一夕以靛水調紙蘸花蕋上用紙裹之來日開花亦成碧色

愚行役蜀中遇雨宿于民家見庭中有菊一本時秋氣方深花開紅紫黄白色色可愛問之何能爾也主人曰春初取老艾極大者一株剪其枝葉用故土培其本根然後取各色菊一小枝接之各用本菊根下土和泥封故束縛之俟其枝葉暢茂則去其泥土秋深花開各依本色

廾谷菊水

南陽酈縣有廾谷水廾美其山上有大菊落水從山

上流下得其滋液谷中有三十餘家不復穿井仰飲此水上壽百二三十其中年七十八十者爲夭菊花輕身益氣令人堅強故也

荷

爾雅及陸機疏荷爲芙蕖花未發爲菡萏已發爲芙蕖一荷芙蕖別名芙蓉江東呼荷其莖茄其葉蕸其本蔤莖下白蒻在泥中者其華菡萏其實蓮蓮謂房也其根藕其中的蓮中子也的中薏中心苦種藕以酒糟塗之則盛　荷蓮極畏桐油

漢昭帝遊柳池有芙蕖素色大如斗花葉甘可食

芬氣聞於十里之内蓮實如珠

衣鉢蓮

滇池産衣鉢蓮花盤千葉蘂分三色

黄蓮

王歆之神境記曰九疑山過半路皆行竹松下狹路有清澗澗中有黄色蓮花芳氣竟谷

金蓮

金池可方數十里水石泥沙皆如金色其中有四足魚金蓮花洲人研之如泥施之彩繪光輝煥爛與真金無異

分香蓮

三堂往事其宅有釣僊池一種蓮一歲再結實每實子十雙其花時香無桃菊梅英郡人傳分香蓮不論錢

分枝荷

淋池分枝荷一莖四葉狀如駢盖日照則葉低蔭根若葵之衛足也名曰低光荷實如玄珠可以飾珮花葉雖萎芬芳之氣徹十餘里食之令人口氣常香益人肌理宮人貴之每遊宴出入皆含咀或剪以爲衣或折以蔽日相爲戲楚詞謂折芰荷以爲衣意在斯

也

夜舒荷

靈帝時有夜舒荷一莖四蓮其葉夜舒晝卷

睡蓮

葉如荇而大沉於水面其花布葉數重凡五種色當夏晝開夜縮入水底晝復出也

四季荷花

儋州城南清水池其中四季荷花不絕臘月尤盛

百里荷花

自百里坊至平陽峙一百里皆荷花王羲之自南門

登舟賞荷花即此地也見溫州郡志

冰桃碧藕

西王母見穆天子于玉帳高會進萬歲冰桃千年碧藕又進素蓮一房百子

冰荷

穆王列播膏燭覆以冰荷不使光遠荷出冰壑火不能鎔

玉環

元和中蘇昌遠居吳中有女郎素衣紅臉與相狎贈以玉環一日見檻前白蓮花開花蘂有物乃玉環也

折之乃絶北夢瑣言

曹家蓮花

鄱陽義仁鄉東門一大聚落也曹氏環而居之至數十百家有曰曹廿二者慶元元年中夏住屋內平地上忽生白蓮花一朶濶六七寸其高二寸餘四畔煥如繪畫雲彩花燦然居中芬香艷好傳聞來觀充塞門巷皆以爲其家且有吉祥識者曰水水陸產亦非嘉兆明日已化作菊花半開半蔫三日不變舉室疑恠鬮薪爇火以焚之其後按堵如初

蓮佛

李及之知潤州園中菜花悉是蓮花仍各有佛坐花中形如雕刻筆談

蓮花塚

在興化縣安仁鄉舊傳有姑嫂共刈稻姑忽墜深溝中嫂急救之俱溺死二屍瘞於溝傍忽生蓮花數朶里人驚異啓棺視之蓮花皆從口出人稱爲蓮花塚今雙塚尚存

詩

東坡橫湖詩云貪看翠盖擁紅粧不覺湖邊一夜霜卷却天機雲錦段從教匹練寫秋光退之詩撑舟昆

明渡雲錦乃荷花也　誰種幽花傍淺清含紅慾綠影亭亭雲歸巫女粧猶潤浴出楊妃困未醒好把芳楊臨晚岸莫教飛片逐浮萍相看最憶吳船路萬里芙蓉水蒲溼　鑿破蒼苔漲作池芰荷分得綠參差曉開一朵煙波上似畫眞妃出浴時　昨夜三更後姮娥墜玉簪馮夷不敢受捧出碧波心　看採蓮小桃閑上小蓮船半採紅蓮半白蓮不似江南惡風浪芙蓉池在臥床前　愛蓮佛愛我亦愛清香蝶不偷一般奇絕處不上婦人頭（出鄭谷集）

山蓮

百丈山山有草花如蓮名山蓮

旱藕

終南山出服之可延年

茄蓮

葉似藍根似蘿蔔味甘脆

蘘荷

蘘荷蓴苴也根旁生笋可以爲葅及治蠱毒　葛洪方曰人得蠱欲姓名者取蘘荷葉著病人卧蓆下立呼蠱生名也

旌節花

旌節花黎州漢源縣有旌節花去地二三尺行行皆如旌節也

五衢花

少室山有木其花五衢注云花五出如衢路爾

滴滴金

府志云葉露滴地而生見僊遊縣志

金銀花

開花五出微香蔕帶紅色花初開白色經一二日則色黄故名金銀花

百合

洲渚山野俱生花開紅白二種根如葫蒜小瓣多層人因美之稱名百合　都波不知耕稼土多百合草取其根以爲糧

山丹

其花一葉百葉狀如繡毬深紅色一花四英四月開花至八月尚爛熳又有四時開花者曰四季山丹見偃遊縣志

碧玫瑰

洛中𮭚花木者言嵩山深處有碧色玫瑰

優鉢曇花

波斯國中有優鉢曇花鮮華可愛見梁書

上元紅

深紅色絕似紅木瓜花不結實以燈夕前後開故名

午時花

午開子落見會稽縣志

鴈來紅

翔鴈南來塞草秋未霜紅葉已先愁綠珠宴罷歸金谷七尺珊瑚夜不收

雲陽寺石竹花

一自幽山別相逢此寺中高低俱出葉深淺不分叢

野蝶難爭白庭榴暗讓紅誰憐芳最久春露到秋風

花庵多牽牛清晨始開日出巳瘁花雖甚美而不能留賞

望遠雲凝袖粧餘黛散鈿縹囊承曉露翠盖拂秋煙嚮慕非葵比雕零在槿先才供少項玩空廢日高眠

[illegible]夷花木[illegible]

華夷花木考卷之五

吳興郡山人愼懋官選集

竹譜一卷晁氏曰戴凱之撰

筍譜二卷晁氏曰皇朝僧惠崇撰陳氏曰僧贊寧撰

竹

竹譜曰竹之則類六十有一　志林云竹有雌雄雌者多筍故種竹半擇雌者物不逃於陰陽可不信歟凡欲識雌雄當自根上第一枝觀之雙枝是雌卽出筍若獨枝者是雄　冬至前後各半月不可種植蓋

天地閉塞而成冬〻種之必死若遇火日及西南風則
不可花木亦然　種竹處當積土令稍高於傍地二
三尺則雨潦不侵損錢塘人謂之竹脚　竹有醉日
即五月十三日也齊民要術謂之竹醉日岳州風土
記謂之龍生日種竹以五月十三日爲上是日遇雨
尤佳一云用辰日山谷所謂根須辰日斸筍看上番
成又一云宜用臘日杜少陵詩東林竹影薄臘月更
宜栽子觀諺云栽竹無時雨過便移多留宿土切記
南枝則三說皆拘也　又法三〻兩竿作一本移蓋其
根自相持則尤易活也　種竹以竹斫去本止留二

三寸填土硫黃在管內覆轉根反居上用土覆當年生笋　竹與菊根皆長向上添泥覆之爲佳　竹留三去四蓋三年留四年者伐去　竹以五月前血忌日三伏內及臘月斫者不蛀　竹之滋澤春發於枝葉夏藏於榦冬歸於根如冬伐竹經日一裂自首至尾不得全盛夏伐之最佳但鞭皆爛然要好竹非盛夏伐之不可七八月尚可自此滋澤歸根而不中用矣　說文竹節曰約　渭川千畝竹其人與千戶侯等史記　竹得風其體夭屈謂之竹笑　筍陸佃云字從旬從日包之日爲筍解之日爲竹又曰字從竹從

旬旬內爲筍旬外爲竹也　上番下番竹之有上番下番卽今言大番小番也番去聲謂大年生笋多小年生笋少也杜詩會須上番看成竹蔡夢弼注不知此義乃云上番音上筤蜀名竹叢曰林筤誤之甚矣旣不識竹又不識詩眞瞎子也何以注爲非萬玉主人不知此妙　竹復死曰箹　山海經曰竹生花其年便枯竹六十年易根易根必花結實而枯死實落復生六年而成町子作穗似小麥其治法於初米時擇一竿稍大者截去近根三尺許通其節以糞之則止

帝竹

員丘帝竹一節爲船

沛竹

神異經曰南方荒中有沛竹長百丈圍三丈五六尺厚八九寸可爲大船其子美食之可以已瘡癘

龍公竹

羅浮山第三峯有竹大徑七尺圍節長丈二謂龍公竹常有鳳凰棲宿　貞元五年番禺有海户犯鹽禁避罪羅浮山入至第十三嶺遇巨竹百丈海内户因破之爲篾會罷吏捕逐遂挈而歸時有軍人獲一篾

以爲奇貨後獻于刺史李復復命陸子羽圖而記之

許氏說文有長節竹謂之笣黎母山有竹節長丈許得非羅浮

山龍鍾之義乎　羅浮山東有溪曰羅陽永泰中暑

雨漲有竹葉若芭蕉葉大隨水出源

盛弘之荆州記曰臨賀冬山中有大竹數十圍高

亦數十丈有小竹生其旁皆四五圍下有盤石徑

四五丈極方正青如彈棊局兩竹屈垂拂埽石上

初無塵穢未數十里聞風吹此竹如簫管之音

桃竹

桃竹江心蟠石上出可爲杖竹譜云竹性中皆空此

竹獨實如木

桃枝竹

桃枝竹多生石上葉如小椶櫚人以大者爲杖　竹譜曰桃枝竹皮滑而黃可以爲席

方竹

澄州產方竹體如削成勁挺堪爲杖亦不讓張騫筇竹杖也其隔州亦出大者數丈

踈節竹

高潘州出千歲蕨桂杖之類具多更有踈節竹五六尺一節僧道多以爲杖按最云溱州通竹直上無節

空心也

人面竹

人面竹節密而凸宛如人面人采爲柱杖

蘄竹

蘄竹黄州府蘄州出以色瑩者爲簟節踈者爲笛帶鬚者爲杖唐韓愈詩蘄州笛竹天下知鄭君所寶尤瓌奇携來當晝不得臥一府爭看黄琉璃

許雲封驗笛

樂工許雲封善笛自云學於外祖李牟韋應物守任城見之示以家藏古笛云天寶中得於李供奉者云

封孰示曰此非外祖所吹笛也公問何以驗之雲封
言取竹之法以今年七月望前生者明年七月望前
伐過期則音窒不及期則音浮浮者外澤中乾受氣
不全則其竹夭此笛竹之夭者遇至音必破令試吹
之雲封舉笛吹六州遍一疊未盡笛忽中裂公嘆異
之

萬波息笛

新羅神文王時東海中有小山浮水隨波往來王異
之泛海入其山上有一竿竹命作笛吹此笛則兵退
病愈旱雨雨晴風定波平號萬波息笛今亡

由梧竹

南方草物狀曰由梧竹吏民家種之長三四丈圍一尺八九寸作屋柱出交阯

紫竹

紫竹小而色紫宜傘柄簫笛用

蔓竹

岑華山在西海之西有蔓竹為簫管吹之若羣鳳之鳴

斑竹

斑竹甚佳即吳地稱湘妃竹者其斑如淚痕杭產者

不如亦有二種出古辣者佳出陶虛山中者次之土人裁爲筯甚妙余携數竿回乃陶虛者故不甚佳

越王竹

巖州産越王竹根於石上狀若荻枝高尺餘土人用代酒籌次有沙筯産於海島間其心若骨可籌筯凡欲采者須輕步從之不爾聞人行聲則縮入沙中不可取陳藏器云越王餘算味鹹生南海長尺許

切芓

綿竹

廣州記曰石麻之竹勁而利削以爲刀切象皮如

緜竹篾柔軟可爲諸般器物竹中之最美者　白竹

頗類緜竹笋堪食篾薄脆不堪用

猫竹

猫竹大者徑七八寸高而堅實笋生於冬者曰冬笋

不出土味佳生於春者乃成竹可破篾爲筐筥及織

壁用笋長將開葉砍浸作竹絲造紙民利之

叢竹

叢竹夏月始笋不可食叢生茂密鄉民多種之以代

藩籬亦可製筆

箭竹

篠幹小節長葉大堪作箭俗呼曰箭竹

澁竹

澁竹膚麤澁如木工所用砂紙可以錯磨爪甲

簩竹

簩竹有毒夷人以爲觚刺獸中之則必死

綠竹

綠竹夏筍可食土人重之　詩衛淇澳篇云綠竹猗猗按陸璣草木疏稱郭璞云綠竹王芻也今呼爲白腳蘋成云卽鹿蓐草又云篇竹似小藜赤莖節韓詩作薄音篤亦云薄篇竹則明知非筍竹矣今爲辭賦皆

引漪漪入竹事大誤也當時謝莊竹贊云瞻彼中唐綠竹漪漪便襲其謬殊乖爾按謝贊若佳何不預文選所以爲昭明之棄也故盡引陸郭之注疏云

觀音竹

占城觀音竹如藤長丈八尺許色黑如鐵每節長二三寸

公孫竹

高不盈尺可爲几案之玩（見會稽縣志）

慈孝竹

其笋一年兩出冬則外生夏則内生似有子母相顧

之意故名

竹義

太液池岸有竹數十叢牙筍未嘗相離密密如栽也帝因與諸王閑步于竹間帝[illegible]諸王曰人世父子兄弟尚有離心離意此竹宗本不相疏人有懷貳心生離闊之意覩此可以爲鑑諸王皆唯唯帝呼爲竹義

孤竹

薤山在穀城縣西南六十里山有孤竹三莖三年生一筍筍就竹死代謝不已

護居竹

一名哺雞言其笋如雞卵之多見無錫縣志

雞竹

字林曰苷竹頭有父文　臨海異物志曰狗竹毛在節間　筆法真羅山疏曰領南道無筋竹惟此山有之其大尺圍細者色如黄金堅貞踈節　金猫竹其節有金色　黄金間碧玉竹見無錫縣志　雷州土貢電斑竹　垂絲竹枝葉軟弱下垂出雲南百夷　釣絲竹類蕩竹枝極柔弱　百葉竹一枝百葉有毒　黄蠟竹堅實堪用笋味尤佳　篔簹竹節中有物長數寸正

似世人形俗說相傳云竹人時有得者　巴州俗以竹根爲酒注爲時所珍出段氏蜀記　聖筍嶺南諸山谷茅地中生笋甚大籜皆竹而根乃茅也土人食之名聖見陳相愚集　竹蕈生叢篠中录白如菌人食之先以灰煑其汁如血去汁再煑味殊佳宋陳仁玉菌譜云生竹根味極甘嘗與筍通譜而菌爲北阮矣

詩

世人不愛竹只爲時花能奪目籬邊桃臉紅似霞陌上梨花白於玉偶因一夜風雨多紅霞散盡玉消磨却來此軒看此竹行看坐看看不足高明甫

咏雪竹

上初居滁陽幕下志未得伸一日咏雪竹云雪壓竹枝低雖低不着泥明朝紅日出依舊與雲齊宛然帝王氣象見矣

施州竹王祠

華王國志初有女子浣於豚水有三節竹流至聞其中有嬰兒聲剖竹得男收養之及長才武遂自立爲夜郎王以竹爲姓後立夜郎侯祠即此宋崇寧賜靈惠廟額

九枝秀

梵語商諾迦此云自然服卽西域九枝秀草名也若
聖人降生則此草生於淨潔之地和修生時瑞草斯
應

紅草

山戎之北有草莖長一丈葉如車輪色如朝虹齊桓
時山戎獻其種乃植於庭以表霸者之瑞

躡空草

烏哀國有掌中芥葉如松子取其子置掌中吹之而
生一吹長一尺至三尺而止然後可移於地上若不
經掌中吹者則不生也食之能空中孤立足不躡地

亦名躡空草

照魅草

鍾火山有明莖草夜如金燈折枝爲炬照見鬼物之形仙人寗封常服此草於夜暝時轉見腹光通外亦名洞冥草帝令剉此草爲泥以塗雲明之館夜坐此館不加燈燭亦名照魅草採以藉足履水不沉

不惑草

符禺之山其草多條其狀 葵而赤花黃實如嬰兒舌食之使人不惑

真香茗

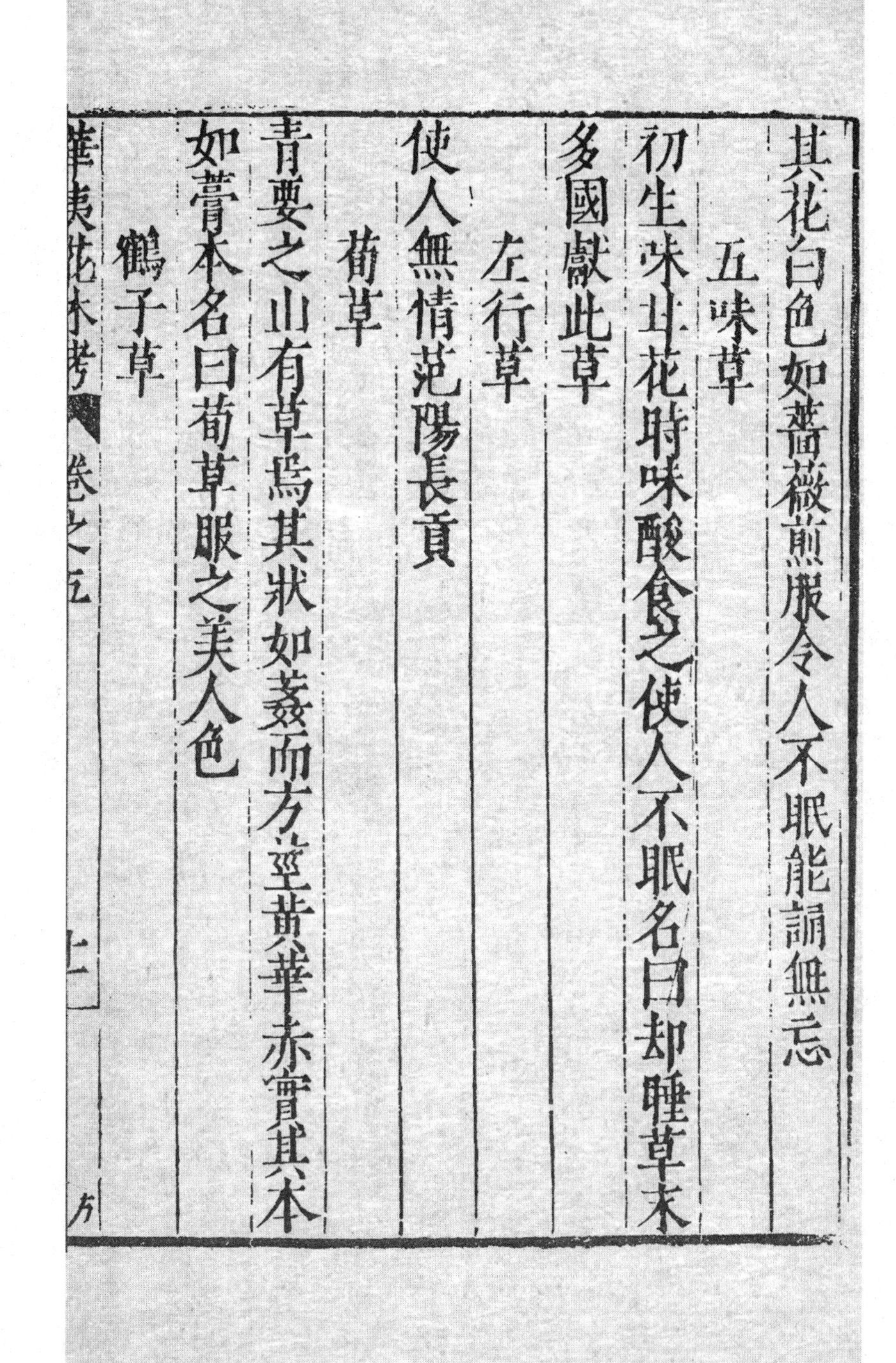

其花白色如薔薇煎服令人不眠能誦無忘

五味草

初生味甘花時味酸食之使人不眠名曰却睡草末

多國獻此草

左行草

使人無情范陽長貢

荀草

青要之山有草焉其狀如葌而方莖黄華赤實其本

如藁本名曰荀草服之美人色

鶴子草

華夷花木考　卷之五　十一　方

鶴子草蔓花也當夏開南人云是媚草甚神可比懷子夢芝之采之曝乾以代面靨形如飛鶴狀翅羽嘴距無不畢備亦草之奇者草蔓延春生雙蟲常食其葉土人收於奩粉間餇之如養蠶諸蟲老不食而蛻為蝶女子佩之如細鳥皮號為細蝶

獨揺草

無風獨揺草帶之令夫婦相愛生嶺南頭如彈子尾若鳥尾兩片開合見人自動故曰獨揺草岑樓愼氏曰予讀蒙荃郎羌滑也

桃朱術

桃朱術取子帶之令婦人爲夫所愛生園中細如芹花紫子作角以鏡向旁敲之則子自發五月五日收之也

活人草

漢武帝時西方月支國有獻活人草三莖有人死者將草覆面即活之矣

押不盧

周密癸辛雜志云回回國有藥名押不盧者土人採之每以少許磨酒飲人則通身麻痺而死雖加以刀斧亦所不知至三日別以少藥投之即活御院中亦

儲之　愁憤作　阿襤主　吾家住在鴈門深一片閑雲到滇海心懸明月照青天青天不語今三載欲隨明月到蒼山誤我一生踏裡彩胡錦被名吐嚕吐嚕段阿奴吐嚕皆言可惜也施宗施秀同奴歹雲片波潾不見人押不盧花顏色改押不盧乃北方起死回生草肉屏獨坐細思量肉屏駱駝背西山鐵立霜瀟灑鐵立松林也

不死草

廣西郴州產萓草如茅高二三尺食之多壽故名夏月采置几筵中則蚊蠅不近物亦不速腐其州郴州皆南中樂土故其卉產焉一統志諸名公集載之

劉㦝草

夫名精一曰鹿活草昔青州劉㦝宋元嘉中射一鹿剖五藏以此草塞之蹶然而起㦝怪而拔草復倒如此三度㦝密録此草種之多主傷折俗呼爲劉㦝草

東阿異草

山東東阿縣季札掛劍之處今建臺焉其地生草一種能治人心疾蓋緣當時季子心許徐君劍也故曾輿有歌云至今神物不磨滅化爲異草人爭貯異草何功爭貯之心疾不瘳須一茹

治蠱草

新州郡境有藥士人呼爲吉財解諸毒及蠱神用無比　昔人有遇毒其奴吉財得是藥因以奴名名之實草根也類芍藥遇毒者夜中潛取二三寸或剉或磨少加甘草詰旦煎飲之得吐即愈俗傳將服是藥不欲顯言故云潛取而不詳其故

蘆薈

草屬狀如纛尾採之以玉器擣研成膏

龍芻

東海有島曰龍駒川穆天子養八駿處島中有草名龍芻馬食之日行千里語曰一株龍芻化龍駒

苾芻

是西天草名體性柔軟引蔓傍布馨香遠聞能療疾

不皆日光踰出家人

蒲花席

草性柔折屈不損

半月

拾遺記曰薄乘草高五丈葉色紺莖如金形如半月

之勢亦曰半月草無花無實其質溫柔可以爲布爲

席見初學記

知風草

叢生若藤蔓土人視其節以占一歲風候每一節則一風無節則無風出瓊州

舞草

舞草出雅州獨莖三葉葉如決明一葉在莖端兩葉居莖半相對人或近之則歘抵掌謳曲則搖動如舞矣

石髮

張乘言南中水底有草如石髮每月三四日始生至八九日後可採及月盡悉爛似隨月盛衰也

望舒草

晉太始十年立河橋之歲有扶支國獻望舒草其色紅葉如荷月出則葉舒月沒則葉卷植於宫内穿池廣百步名曰望舒池

銷明草

銷明草夜視如列星晝則光自消滅也

變晝草

順宗即位年拘彌之國貢變晝草類芭蕉可長三尺而一莖千葉樹之則百步内昏黑如夜始藏于百寶匣其上緘以胡晝及上見而怒曰背明向暗此草何足貴也命并匣焚之于使前使初不為樂及退謂鴻

臚曰本國以變晝爲異今皇帝以向暗爲非可謂明
德矣

迎凉草

唐蘇鶚松陽編曰李輔國家夏則於堂中設迎凉草
其象類碧而榦俏苦竹葉細如松雖若乾枯而未嘗
凋落盛暑掛之牕戶間則凉風自至　慎氏曰大明
一統賦所言却煖草疑卽此也

黄渠草

黄渠照日如火實甚堅内食者焚身不熱

護門草

常山北有草名護門眞諸門上夜有人過輙叱之

救窮草

石階山在太和山一名華嶽地肺一名肺山福地有救窮草冬夏不枯月食三寸絶穀不饑

夢草

漢武帝時異國獻夢草似蒲云懷其草則如所思而夢每思李夫人因懷之輙夢

醉草

桂林有睡草見之則令人睡一名醉草亦呼爲懶婦箴又出海南地記尸子赤縣洲爲崑崙之墟其東則

瀛水島山左右玉紅之草生焉食其一實醉卧三百歲

芸苗

如菖蒲食葉則醉食根則醒

醒醉草

開元遺事興慶池南岍有草數叢葉細心勁有醉者過其旁摘草嗅之立醒謂之醒醉草

神草

魏明時苑中有合歡草狀如著一株百莖晝則衆條扶疎夜乃合作一莖謂之神

鬼皂莢

鬼皂莢生江南地澤如皂莢高一二尺沐之長髮葉亦去衣垢

蓂梧起歷

嘗恩蓂莢生於堯庭初一日生一葉十五日蒲而十六日則落一葉起矣後月復生梧桐一枝生十二月葉遇閏年則生十三葉是天地生物巳先曉人歷之所以起也

三白草

三白草初生不白入夏葉端方白農人候之蒔田三

葉白草畢秀矣其葉似薯蕷

麒麟草

元和時館閣湯飲待學士者煎麒麟草見耕退傳

神精香草

郭子横曰光和元年波秖國獻神精香草一根而百條其枝間如竹節柔軟其皮如絲可爲布所謂春蕪布堅密如氷紈也握之一片滿宮皆香婦人帶之彌芬馥也

厖矢實

出撒馬兒罕類野蒿實甚香可辟蠹

柰祗草

柰祗出拂林國苗長三四尺根大如鴨卵葉似蒜葉中心抽條甚長莖端有花六出紅白色花心黄赤不結子其草冬生夏死與薺麥相類取其花壓以爲油塗身除風氣佛林國王及國内貴人用之

留夷

子虚賦師古曰留夷香草也非辛夷辛夷乃樹耳

麝草

龜甲香即桂香之善者紫术香一名金杜香一名麝草香出蒼梧桂林二郡界今吴中有麝草似紅而甚芳

香

芸輝草

杜陽編元載造芸輝堂芸輝香草也出于闐國香潔如玉入土不朽爲屑以塗壁故名之

家孽

家孽葉大而長開紅花作穗俗呼草荳蔻其葉有香氣俗以蒸米粿見興化府志

蒳

蒳草樹也葉如栟櫚而小三月採其葉細破陰乾之味近苦而有甘并雞舌香食之益美

藿香

頓遜出藿香插枝便生葉如都梁以裛衣國有區撥等花十餘種冬夏不衰日載數十車貨之其花燥更芬馥亦末爲粉以傅身焉

薰

博物志云東方君子國薰草朝朝生華也山海經云薰草麻葉而方莖赤花黑實可以已厲一云狀如茅而香者爲薰

芸

淮南說芸草可以死復生徐按芸草著於衣書辟蠹

漢種之於蘭臺石室藏書之府禮圖云葉似邪蒿香美可食爾雅翼云仲冬之月芸始生香草也謂之芸蒿沈括曰芸類豌豆作叢生其葉極芳香秋後葉間微白如粉南人採寘席下能去蚤虱今謂之七里香又芸芸物多貌老子夫物芸芸各歸其根

千步香

南海山出千步香佩之香聞於千步也今海嵎有千步草是其種也葉是杜若而紅碧雜貢藉曰南郡貢千步香

藒車香

藒音挈車香味辛溫主鬼氣去臭及蟲魚蛀蚛生彭城高數尺白花爾雅曰藒車乞音乞輿郭注云香草也廣志云黃葉白花也齊民要術云凡諸樹木蛀者煎此香冷淋之善辟蛀蚛也

元延祐間佛菻國使來朝備言其城當日没之處地有水銀海周圍可四五十里國人取之之法先於近海十里掘坑井數十然後使健夫駿馬皆貼以金薄迤邐行近海日照金光晃耀則水銀滾沸如潮而來勢若粘裹其人即廻馬疾馳水銀隨後趕至若行稍緩則人馬俱爲水銀撲没人馬既廻

速於是水銀勢漸遠力漸微却復奔回遇坑井則水銀溜積其中然後旋取之用香草同煎則花銀矣水銀中國亦産固非奇物術士輩往往煉之爲藥銀然畢竟是假若彼國煎而爲花銀是殆其草藥之靈異也

麝香 附

麝形似麞而小其香正在陰前皮内別有膜裹之春分取之生者益良此物極難得真蠻人採得以一子香刮取皮膜雜内餘物裹以四足膝皮共作五子而土人買得又復分揉一爲二三其僞可知惟生得之

乃當全真耳　一說香有三種第一生香麝子夏食蛇蟲多至寒則香滿入春急痛自以爪剔出之落處遠近草木皆焦黄此極難得今人帶真香過園中瓜果皆不實此其驗也其次臍香乃捕得殺取者又其次心結香麝被大獸捕逐驚畏失心狂走顛墜崖谷而斃人有得之破心見血流出作塊者是也此香乾燥不可用　稽康云麝食柏故香　置麝枕中可絶惡夢

龍涎香 附

蘇門荅剌國古大食國也西去一晝夜城有龍涎嶼

獨峙南巫里洋之内浮灔海面波激雲騰每至春間群龍交戲於上而遺涎沫洋水則國人駕獨木舟伺龍出没隨而採之或風波則人俱下海一手附舟旁一手揖水而得至岸其涎初若脂膠黑黄色頗有魚腥氣久則成大塊或大魚腹中剌出如斗大焚之清香可愛名曰龍涎其品有三浮水者爲上滲沙次之魚食爲下每香一觔直其國金錢一百九十二枚准中國銅錢九千文

甲香 附

南州異物志曰甲香大者如甌面前一邉直攙長數

寸闈殼岨峿有刺其掩雜衆香燒之使益芳獨燒則臭一名流螺諸螺之中流最厚味是也其蠡大如小拳青黄色長四五寸人亦噉其肉今醫家稀用但合香家所須用時先以酒煮去醒及涎云可聚香使不散也

僧伽者西域人唐時居京師之薦福寺嘗獨處一室其頂上有一穴恒以絮窒之夜則去絮香從頂穴中出煙氣滿房非常芬馥及燒香還頂上仍以絮窒之嘗記石勒時有佛圖澄者左乳旁有一穴恒就水洗濯腸肺以絮窒之夜欲讀書輙拔絮則

光自穴出一室洞明其事甞不誣大抵皆異人也伽化緣在臨淮寂後朝廷送至故處起塔供養蓋泗州塔是也然桯史載泗在南宋時固無塔今則大浮圖在其州治之西第不知何時所建耳

益母草

益母草即茺蔚也爾雅謂之萑蓷詩曰中谷有蓷是也此草治産之功多故名益母曾子見而思母蓋感此也又唐武后鍊益母草以澤面今所在皆有之出鹿邑者佳

含生草

含生草主婦人難産口中含之立差亦咽其汁葉如卷栢而大生蘇羯國其葉煮之不熟無毒

火失刺把都

火失刺把都者回回田地所産藥其形如木鱉子而小可治一百二十種證每證有湯引

大黄

圖經曰以蜀川錦紋者佳其次秦隴來者謂之土蕃大黄江淮出者曰土大黄又畨州出一種羊蹄大黄亦呼爲金蕎麥破之亦有錦紋日乾之亦呼爲土大黄　元史猶違云蒙古戚夏諸將爭掠子女財帛耶

律楚材獨取書數部大黃兩駝後軍士疫楚材用大黃瘉萬人

葳靈仙

葳靈仙難得眞者俗醫所用多藁本之細者爾其驗以味極苦而色紫墨如胡黃蓮狀且脆而不勒折之有細塵起向明視之斷處有黑白暈俗謂之有鴝鵒眼此數者備然後爲眞服之有奇驗腫痛拘攣皆可已久乃有走及奔馬之効二物當等分或視臟氣虛實

文

艾可攻百病今以蘄州者爲勝蘄葉厚而綿多本地所有者葉薄而綿少

何首烏傳一卷陳氏曰初見唐李翺集今後人增廣之耳

何首烏

有雌雄二種對長苗成藤夜交合相聯晝分開各植凡資入藥秋後採根大類山甜瓜外有五稜瓣雌者淡白雄者淺紅雌雄相兼功驗方獲

莎草

釋草臺夫須可以爲笠又可以爲蓑蔓生江邊其根

卽香附子

師子朮

潛山產善朮以其盤結醜怪有獸之形因號爲師子朮

枸杞

枸杞陝西極邊生者高丈餘大可作柱葉長數寸無刺根皮如厚朴甘美異於他處者

金星草

金星草生關陝川蜀及潭婺諸州皆有之背上生黃星點子兩兩相對色如金因以爲名　金星洞在介

亭下以洞中生金星草故得此名東坡有銘

夫娘子

草子甚細如刺其氣臭惡善惹人衣者名曰夫娘子初不可解按南方苗人謂妻曰夫娘又謂婦人之無行者亦曰夫娘盖言其臭穢善惹人耳南宋蕭齊崇尚佛法故法琳辯正論云閤内夫娘悉令持戒麾下將士咸使誦經謂夫人娘子也

牧麻草

有牧麻草大毒有此草值風吹其氣所至則數里内稻皆即死李淳風云其汁本清得水則稠見日則濕

入膺即乾在夏欲涼在冬欲温

獨自草

獨自草有大毒煎傅箭鏃人中之立死生西南夷中獨莖生續漢書曰出西夜國人中之輙死今西南夷獠中猶用此藥傅箭鏃解之法在拾遺石部鹽藥條中

杜若

杜若曰杜蘅曰杜連曰白蓮曰白苓曰若芝曰楚蘅根葉似山薑花似荳蔻騷人多取喻焉故楚詞云山中人兮芳杜若九歌云採芳洲兮杜若又離騷云雜

杜蘅與芳芷唐貞觀中勑下度支求杜若省郎以謝元暉詩云芳洲採杜若乃責坊州貢之當時以爲嗤笑見通志草木略

薊

薊曰虎薊曰刺薊曰山牛蒡爾雅虋狗毒虋即薊也又有一種小薊曰猫薊曰青刺薊北方曰千針草以其莖葉多刺故也華如紅藍華而青紫色多生於燕地故曰薊門見通志草木略

通草

通草曰附支曰丁翁曰王翁萬年方書亦謂之木通

爾雅曰離南活莌以活莌亦謂之離南今人謂之通草其瓤白可愛婦人取以爲首飾其實曰燕蕧子曰烏蕧曰桴棪子曰拏子見通志草木略

瞿麥

瞿麥曰巨句麥曰大菊曰大蘭曰茈萎曰杜母草曰燕麥曰薔麥曰雀麥曰石竹故爾雅云大菊蘧麥其葉細嫩花如錢可愛唐人多像此爲衣服之飾所謂石竹繡羅衣見通志草木略

天葵

爾雅曰冰臺莵葵曰天葵又曰莃莵葵雷公炮炙所

用紫背天葵是矣葉如錢而厚嫩背微紫生於崖石凡丹石之類得此而後能神所以雷公一書汲汲於天葵恨世人不識之臣近得之於天台僧見通志草木略

蘿摩

蘿摩曰芄蘭曰苦丸幽州人曰雀瓢東人曰白環藤可作菜茹能補精益氣故諺云去家千里莫食蘿摩狗杞剪草之根曰白藥見通志草木略

預知子

預知子曰僊沼子曰聖知子曰聖先子曰盍合子實如皂莢子傳云取二枚綴衣領上遇蠱毒初則聞其

有聲故有預知之名蜀人貴重之見通志草木略

茹藘

爾雅曰茹藘茅蒐蓋茹藘一名茅蒐其葉似棘可以染絳說文曰人血所生故蒐从艸从鬼齊人謂之茜陶隱居以爲東方諸處乃有而少不如西多夫文西草爲茜其或又以此乎見埤雅

蜜草

北天竺國出蜜草蔓生大葉秋冬不死因重霜露遂成蜜如塞上蓬鹽

甘露

出撒馬兒罕小草叢生其葉如蘭秋露凝其上味如
蜜可熬爲餳
　刺蜜
安定阿端刺蜜羊刺草上生蜜味甚佳　杰公曰南
平城羊刺無葉其蜜色明白而味甘鹽城羊刺葉大
其蜜色青而味薄
　土常山
天台山出一種草名土常山苗葉極甘人用爲飲香
甘味如蜜又名蜜香草性亦凉飲之益人
　蜜人

回回田地有年七十八歲老人自願捨身濟衆者絶不飲食惟澡身啖蜜經月便溺皆蜜既死國人殮以石棺仍滿用蜜浸鐫志歲月于棺蓋瘞之俟百年後啓封則蜜劑也凡人損折肢體食少許立愈雖彼中亦不多得俗曰蜜人番言木乃伊

甘蔗

異物志曰甘蔗遠近皆有交趾所産甘蔗特醇好本末無薄厚其味至均圍數寸長丈餘頗似竹斬而食之既甘迮取汁如飴餳名之曰糖益復珎也又煎而曝之既凝而冰破如磚其食之入口消釋時人謂之

石蜜者也　南方山有肝𣟴之林其高百丈圍三尺八寸促節多汁甜如蜜　江南野史廬絳中痁疾逾月既乏資給疲瘵目極忽夢一白衣婦人頗有姿色謂之曰子之疾當食蔗即愈既詰朝見鬻綺揣囊中乏一錢唯有唐韻一冊遂詣易之其人曰吾輩乃負販者將此安用哀君欲之志切遂貽數挺絳喜而食之至旦疾損

糖霜譜一卷陳氏曰遂寧王灼晦叔撰言四方所產遂寧爲冠灼自號頤堂

蔓胡桃

大如扁螺兩隔味如胡桃或言蠻中藤子也

人子藤

安南有人子藤紅色在蔓端有刺其子如人狀崑崙燒之集象南中亦難得

酒杯藤

出西域藤大如臂葉如葛花實如梧桐花堅可以酌酒有文章暎徹可愛實大如指如豆蔻香美銷酒來至藤下摘花酌酒仍以其實醒酒國人寶之不傳中上張騫使大宛得之

引藤

忠州引藤山出大如指中空可吸俗用以取酒

蟻絮藤

居風縣有蟻絮藤人視土中知有蟻壍𥧔以木皮插其上則蟻出縁而生漆

蔞葉藤

葉似葛蔓附于樹可爲醬即漢書所謂蒟醬也實似桑椹皮黑肉白味辛合檳榔食之禦瘴癘

五色藤

異苑曰耒陽縣有山壁立千仞岩上有石室路右名爲神農窟窟前百藥叢茂莫不畢備又別有異藤花

形似菱萊朝紫中緑晡黄暮青夜赤五色迭耀　地
理志循州貢五色藤盤

膏藤

裴氏廣州記曰土人伐船爲業隨樹所在就以成槽
皆去水難遠動有數里山生草名爲膏藤津汁軟滑
無物能比以此導地牽之如流亦五六丈船數人便
運

凌霄藤

威於其戒院見凌霄藤遇夏萎悴人欲伐之因謂之
曰勿剪慧忠還時此藤更生及師回果如其言

瓔珞藤

終南山出瓔珞藤軟碧可愛葉甚小有子纍纍然纒固其上宛似瓔珞

裝劒藤出爪哇

大藤峽至是改爲斷藤相傳有藤絶流而生長數百尺斷之汁出水爲之赤

藤果

出雲南百夷狀如荔枝味酸

杜芳

南州異物志曰杜芳藤形不能自立根本縁繞他木

作房藤連結如羅網相冒然後皮理連合鬱茂成樹所託樹既死然後扶踈六七丈也

胡椒

胡椒出摩伽陁國呼爲昧履支其苗蔓生莖極柔弱葉長寸半有細條與葉齊條上結子兩兩相對其葉晨開暮合合則裹其子于葉中子形似漢椒至芳辣六月採今作胡盤肉食皆用之 一云胡椒蔓生延蔓附樹枝葉如扁豆花間紅白結椒纍纍垂

蒲桃

蒲桃出於大宛張騫所致有黄白黑三種 磨鄰老

勃薩嚴獻貴人蒲桃大者如雞卵　西域勃律地寒蒲桃君榴　杰公曰蒲桃洿林者皮薄味美無半者皮厚味苦　河東蒲桃有極大者惟土人得啖之其至京師者百二子紫粉頭而已　孟詵云蒲桃不問土地但收之釀酒皆得美好　西域有蒲桃酒積年不敗彼俗云可十年飲之醉彌月乃解所食逾少心開逾益所食愈多心逾塞年逾損焉

草龍珠帳

貝丘之南有蒲萄谷谷中蒲桃可就其所食之或有取歸者即失道世言王母蒲桃也天寶中沙門曇霄

因遊諸岳至此谷得蒲萄食之又見枯蔓堪爲杖大如指五尺餘持還本寺植之遂活長高數仞蔭地幅員十丈仰觀若帷盖焉其房實磊落紫瑩如墜時人號爲草龍珠帳

種蒲桃

宜種棗樹傍春間鑽棗樹作一竅引蒲桃枝從竅中過伺大蒲竅斫去其根使托棗生實大而美甘米泔澆之

㼌

說文曰㼌嬾也草木皆自豎立唯瓜瓠之屬臥而不

起似若嬾人常臥室故序从宀音眠

匏

匏瓠也壺蘆瓠之無柄者也瓠有柄者懸瓠可以爲笙曲沃者尤善秋乃可用之則漆其裏瓢亦瓠也瓠其揔瓢其別也

匏瓠

詩酌之用匏昭其質也匏以夸包聲取其可包藏物也然匏苦瓠甘詩匏有苦葉陸佃曰長而瘦曰瓠短頸大腹曰匏叔向曰苦匏不材于人共濟而已惟瓠酌酒冬盛則暖夏盛則寒世多用之詩誤瓠作匏

也說文亦然惟孔子言吾豈匏瓜也哉焉能繫而不食繫者所謂佩匏也又濩落如五石瓠則可適用孔子稱匏瓜繫而不食者近世洪氏說以爲天之匏瓜星天官星占曰匏瓜一名天雞在河鼓東匏瓜繫而不食猶言南箕不可簸揚北斗不可以挹酒漿也按楚辭王褒九懷稱援匏瓜兮接糧曹植洛神賦曰歎匏瓜之無匹兮詠牽牛之獨處阮瑀止慾賦曰傷匏瓜之無偶悲織女之獨勤則古稱匏瓜皆謂星爾

瓜

瓜種出西域故名西瓜一說契丹破回紇得此種歸

不灰木

圖經曰不灰木出上黨今澤潞山中皆有之盖石類也其色青白如爛木燒之不然以此得名或云滑石之根也出滑石處皆有亦名無灰木採無時今處州山中出一種松石如松幹而實石也或云松久化爲石人家多取以餙山亭及琢爲枕雖不入藥然與不灰木相類故附之　予有刀柄乃不灰木然不能點燈後見格古要論云用石腦油醮之點燈方知如空青必貯之古銅器中月以水濕之不枯死也蘇合丸藏用荷葉包裹然後不乾相同

不炭木

開山圖云徐無山出不炭之木其木色黑似炭而無葉

放杖木

放杖木生温括睦婺山中樹如木天蓼老人服之浸酒服之一月放杖故以爲名也

椐

説文横木也徐按爾雅椐樻注木腫節可爲杖詩其檉其椐注椐節中腫今人以爲杖即靈壽是也服虔曰靈壽木名師古曰木似竹有枝節長不過八九

一顆二蒂有碧若棗丹栗皆大如梨

護聖瓜

台山靈異錄石罅有木瓜尤異華青蛇盤糾枝榦至實落供大士乃去人目爲護聖瓜

寧國木瓜

人種木瓜始成顆則鏃花以貼之夜露月曝如變紅花紋如生

鎮心瓜

梁書　鄭灼字茂昭勵志好學多苦心熱若瓜時輒偃卧以瓜鎮心起便讀誦

石瓜

石瓜樹生堅如石故名善治心痛

藍喬水中啜瓜

藍喬字子升循州龍川人潮人吳子野遇之於京師方大暑同登汴橋買瓜喬曰塵埃汚瓜當與子入水中啜爾因持瓜踴身入於河吳注目以視時時有瓜皮浮出水面嘴遊儼然至夜不出吳往候其邸則已酣寢鼻息如雷徐開目云波中待子食瓜久之不至何也吳始知喬已得道再拜愧謝遂與執爨

一瓜斬三爻

曹操一日盛夏開宴諸官於水閣酒到半酣喚侍妾用玉盤進瓜其妾將瓜列於盤中低頭以進至操前操問曰瓜熟否其妾曰此瓜極熟操大怒問曰賤妾知吾意否妾曰不知喝武士推出斬之坐客莫敢問其故操再呼別妾進瓜群妾皆驚數內一妾頗聰明遂乃整容捧盤以進雙目只顧盤內之瓜操問曰此瓜熟否妾對曰不生操大怒喝武士斬之再呼進瓜衆妾見斬二妾誰敢近前數內一妾名蘭香通詩書知音律操甚愛之衆妾皆推蘭香蘭香乃雙手捧盤齊眉而進操問曰瓜味若何妾對曰甚甜操一手推

盤於地大呼武士與吾速斬之坐客面如土色皆拜於地曰不知也操曰公等安席而坐聽訴其罪前二妾吾斬之者久在堂中聽其使喚安不知進瓜必須齊眉而捧盤耶吾問之皆開口字對答斬其愚也蘭香之來未久極聰慧高捧其盤而進以其甚甜合口字答之足知吾心地但得高捧其盤足矣何得以合口字切吾心耶吾用兵之人故斬之以絕其患

楚瓜

梁大夫有宋就者嘗爲邊縣令與楚鄰界梁之邊亭與楚之邊亭皆種瓜各有數梁之邊亭人劬力數灌

其瓜瓜美楚人窳而稀灌其瓜瓜惡楚令因以梁瓜之美怒其亭瓜之惡也楚亭人心惡梁亭之賢已因往夜竊搔梁亭之瓜皆有死焦者矣梁亭覺之因請其尉亦欲竊往報搔楚亭之瓜尉以請宋就就曰惡是何可太上御名怨禍之道也人惡亦惡何褊之甚也若我教子必每暮令人往竊為楚亭夜善灌其瓜勿令知也於是梁亭乃每暮夜竊灌楚亭之瓜楚亭旦而行瓜則又皆以灌矣瓜日以美楚亭怪而察之則乃梁亭也楚令聞之大悅因具以聞楚王楚王聞之愍然愧以意自閔也告吏曰微搔瓜者得無有他罪乎

此梁之陰讓也乃謝以重幣而請交於梁王楚王時稱則祝梁王以爲信故梁楚之歡由宋就始語曰轉敗而爲功因禍而爲福老子曰報怨以德此之謂也夫人既不善胡足效哉

華澄茄

出瓜哇其藤蔓衍春花夏實花白而實黑

大茄

樹高丈餘經三四年不痒子大如西瓜重十餘觔以梯摘之　瓜茄一種五年結小再種

種茄

初分茄栽時於根掐開入硫黄一豆大以泥培之結子倍多而大味益佳開花時摘其葉布露以厭開之則多結實

綠參差

芭蕉詩最難作胡部陽嶠一篇云野人無帳幄愛此綠參差云云

甘蕉根

種類不一地產亦殊川蜀者作花大萼𥱼覬卷葉中抽榦作花初生大萼如倒垂菡萏　岑樓愼氏曰父至閩地見此花名曰美人蕉心甚愛之自福移植於漳浦縣衙疑即此也

特謨未至以爲川蜀産耳

水蕉

水蕉不結實山居人治以爲布

合歡菜

番禺有菜四葉相對夜合晝開名合歡菜

高河菜

點蒼山高河泉出莖紅葉青味甚辛辣五六月採之若高聲則雲霧驟起風雨卒至盖高河乃龍湫也

龍鬚菜

出萊州繁生海中石上莖如綃長僅尺許色始青居

人取之沃於水乃白又名縉菜人頗珍之　司空山南洗藥池齊張岳洛冊之所中有龍鬚菜味甘可食日未出浮生水面日出則沒於水中人潔心以往則隨采可得若混以葷腥苦澁不下咽

菘菜

菜中有菘最爲常食性和利人無餘逆忤令人多食如似小冷而又耐霜雪其子可作油傅頭長髮塗刀劍令不鏽鏽音秀

蕹菜

莖空性寒蔓生畦中或水中遯齋閒覽云此菜來自

東夷古倫國以甕盛之譯不通但言雞冠菜本草云能解野葛毒張司空云魏武帝敢野葛至一尺應是先食此菜也

雞侯菜

雞侯菜生嶺南顧廣州記曰雞侯菜似艾二月生宜雞羹故名之

醍醐菜

雷公云凡使勿用諸件草形似牛皮蔓掐之有乳汁出香甜入頂採得用苦竹刀細切入砂盆中研如膏用生稀絹裹挼取汁出暖飲

千金菜

高國使者來漢隋人求得菜種酬之甚厚故因名千金菜今萵苣也

金毛菜

石髮吳越亦有之然以新羅者爲上彼國呼爲金毛菜

優殿

南方草木狀曰合浦有菜名優殿以豆醬汁茹食之甚香美可食

頗陵

頗陵西國菜名僧携其子入中國訛爲波稜　菠菜初種時過月朔乃生洽地極細用糞肥然後下子仍以馬糞蓋之既長不可用糞澆　十月食霜菜令人面無光

羅漢菜

蘄州三角山出舊傳有異僧種之而去若雜以葷物即無味

藤菜

宋蘇軾詩豐湖有藤菜可以敵蓴羮

景德四年象州芥發蓮花州民圖芥菜生蓮花

是年牛災見廣西通志

芥菹

廣州人以巨菜爲鹹菹埋地中有三十年者貴尚親賓以相餉遺

玉枕藷

嶺外多藷間有發深山邃谷而得之者枚塊連屬有數十觔者味極甘香人多自食未嘗貨於外本名玉枕藷又號三家藷

紫蘇

救饑採葉煠食煑飲亦可子研汁煑粥食之皆好葉

可生食與魚作羹味佳　游南嶽記貫道泉傍有奇
草葉如紫鳳之形問之曰山紫蘇也與世所産迥別

茭首蕈

秦觀詩後春蕈茁滑於酥見惟揚志

芋

葉似荷而不圓一名土芝一名蹲鴟種之水田荒年
可以濟饑朱晦翁詩云沃野無荒年正得蹲鴟力是
也坡詩香似龍涎仍釅白味如牛乳更全清莫將南
海金虀膾輕比東坡玉糝羹

宋鮮于文宗七歲喪父於種芋時亡明年對芋鳴

咽如此終身

雀芋

狀如雀頭置乾地反濕置濕處反乾飛鳥觸之墮走獸遇之僵

抱芋羮

百越人好食蝦蟆凡有筵會斯為上味先于釜中置水次下小芋烹之候湯沸如魚眼即下其蛙乃一一捧芋而熟如此呼為抱芋羮

石花

石花菜一名瓊枝見瓊州文昌縣即越中鹿角類

瓔枝出樂會縣取者徑自取載以往瓔人莫之用也

綸似綸組似組東海有之

綸今有秩嗇夫所帶糾青絲綸組綬也海中草生彩理有象之者因以名云

帛似帛布似布華山有之

草葉有象布帛者因以名云生華山中

藤菰

瀕河之地多有之惟出考城者勝土人採食或曰無種蓋遺腐船木所生也

木耳

出魯山本草云木耳有五桑椿槐榆柳之異其色亦有黄赤黑白之分六月多雨則生之杜甫所謂木頭生耳是也今惟桑木耳可以入藥

山韭

生大伾山石罅中可療心疾舊本草所不載或曰唐徐勣遺種也

種韭

收韭子如葱子法若市上買韭子宜試之以銅鐺盛水如於火上微煑韭子須臾芽生者好芽不生者是裛鬱矣治畦下水糞覆悉與葵同然畦欲極深韭一剪一加糞又根性上跳故須深也二月七月種種法以升盞合地

爲處布子於園內韭性内生不向外長園種令科成耨令常淨韭生多穢數耨爲良高數寸剪之初種時止一剪至正月掃去畦中陳葉凍解以鐵耬起下水加熟糞韭高三寸便剪之剪如葱法一歲之中不過五剪每剪杷耬下水加糞悉如初收子者一剪則留之若旱種者但無畦與水耳杷糞悉同一種永生

二韭

李崇爲儀同性拙儉不肉食其客戲與人曰令公一食十八品問其數則二韭耳

一束金

杜頎食不可無韭人惡其嗽倶其僕市還潛取棄之怒罵曰奴狗奴狗安得去此一束金也

葱

本白末青能和五味故古稱爲菜伯

撒園荽

園荽卽胡荽世傳有布種口誦褻則滋茂故士大夫以穢談爲撒園荽

薑

字說薑彊彊我者也於毒邪臭腥寒熱皆足以禦之今文省作薑

菔

爾雅葖蘆菔今訛爲蘿蔔一曰刀鮍衣　出哈烈大者十觔

倒種蘿蔔

以蘿蔔鋤起切去葉止留寸許顛倒種土中直至過年永不空心

種蘿蔔

安福城西四十里間地名蒜坑舊有道人過一農家索漿其家飲以白湯謝以暑月無菜道人於囊中出蘿蔔子一勺教其人先布茅燒地趁火撒之後生蘿

蔔大而茸其地至今享其利也

銀香臺

韶州雲門山爽禪師上堂僧問如何是佛師曰聖躬萬歲問如何是透法身句師曰銀香臺上生蘿蔔

紫米

元和八年大軫國貢碧麥紫米上異之翼日出示術士白元佐李元戢碧麥粒大於中華之麥表裏皆碧香氣如粳米食之令人體輕久則可以御風紫米有類巨勝炊一升得飯一斗食之令人髭髮縝黑頹色不老

御米花

本草名罌子粟一名象穀一名米囊一名囊子處處有之苗高一二尺葉似靛葉色而大邊皺多有花叉開四瓣紅白花亦有千葉花者結殼是骲(音雹)箭頭殼中有米數千粒似葶藶子色白隔年種則佳米味甘性平無毒　救饑採嫩葉煠熟油鹽調食取米作粥或與麵作餅皆可食其米和竹瀝煮粥食之極美

四熟稻

烏萇國四熟之稻苗高沒駱駝米大如小兒指

占城稻

成實早而粒稍細宋湘山野録云真宗聞占城稻耐旱遣使以珍貨求其種得十斛散於民間今在在有之見無錫縣志

紅蓮稻

粒肥而香陸龜蒙詩云近炊香稻識紅蓮見無錫縣志

盤游飯

仇池記南人用鮓脯膾炙埋飯中曰盤游飯

防風粥

金鑾密記白居易在翰林　防風粥一甌食之口香七日

孩兒拳頭

救饑採子紅熟者食之又煑枝汁少加米作粥甚美

米砂 附

鍾山臨水阻峽春夏則湍湫沸漏漬上有沙如米兩岸各十餘斛呼曰米砂以之候歲若一岸偏饒則其方豐穰

御麥

御麥出于西番舊名番麥以其曾經進御故曰御麥幹葉類稷花類稻穗其苞如拳而長其鬚如紅絨其粒如芡實大而瑩白花開于頂實結于節真異穀也

吾鄉傳得此種多有種之者

小麥種

小麥種來自西國寒温之地中華人食之率致風壅小説載天麥毒乃此也昔達磨遊震旦見食麪者驚曰安得此殺人之物後見萊菔曰賴有此耳盖萊菔解麪毒也世人食麪巳往往繼進麪湯云能解麪毒此大誤東平董汲嘗著論戒人煑麪須設二鍋湯煑及半則易鍋煑令過熟乃能去毒則毒在湯明矣

臼

僉載

正月三白田公笑赫赫西北人諺曰要宜麥見三

昌壘麪

杰公曰昌壘白麥麪亨烝之將熟潔白如新今麪如泥且爛由是知麥乃宕昌者非昌壘真物

蓬子麪

食貨志寵勛反自關東至海大旱冬蔬皆盡以蓬子爲麪以槐葉爲虀

靈光豆

靈光豆大小類中華之菉豆其色殷紅而光芒可長數尺　亦謂之詰多珠和石上菖蒲葉煮之即大如鵞卵其中純紫稱之可重一觔帝啗一九歎其香

美無比而數日不復言饑渴代宗大曆中日林國獻

挾劒豆

樂浪東有融澤之中生豆莢形似人挾劒横斜而生

米豆

恩靈島出枝葉似柳花如鳥豆一種之後數年收實

淮南子云豆之美者有米豆是也

囘鶻豆

囘鶻豆高二尺許直榦有葉無旁枝角長二寸每角

止兩豆一根才六七角色黄味如栗

登豆

營豆一名治營葉似葛而實長尺餘可蒸食一名營菽

貍豆

貍豆一名貍沙一名獵沙葉似葛而實大如李核可啗食也

煮黑豆法

確豆一升挼莎極淨用貫衆一觔細剉如骰子同豆斟酌水多少慢火煮豆香熟日乾之翻覆令展盡餘汁簸取黑豆去貫衆空心日啗五七粒食百草木枝葉皆有味可飽也

搓枝栗

搓枝栗言其枝長而弱無風常搓食之益髓

鳳冠栗

鳳冠栗似鳳鳥之冠食者多力有遊龍栗枝葉屈曲如遊龍有瓔膏色白如銀食此二栗令人骨輕

苜蓿

漢離宮所植其上常有兩葉丹紅結穟如穄率實一手者舂之爲米五升亦有秈有穤秈者唯以作飯須熱食之稍冷則堅凝穤者可搏以爲餌土人謂之灰粟見徽州府志

水栗

武陵記兩角曰菱三角四角芰通謂之水栗

菱米

同上不知種所自出植於旱山不假耒耜不事灌溉逮秋自熟粒米粗糲

倒生菱

莖如亂絲一花十葉根浮水上實沉泥裡泥如紫色謂之紫泥菱食之令人不老

翻雞芰

玄都有芰碧色狀如雞飛名翻雞芰仙人鳧伯子常

採之

地苔

鞠國在拔野古東北五百里六日行其國有樹無草但有地苔

蔓金苔

晉梨國獻蔓金苔色如金若螢火之聚大如雞卵投之水中蔓延波瀾之上光出照日皆如生水上也倪瓚閣前置梧石日令人洗拭及苔蘚盈庭不容水跡綠褥可愛每遇墜葉輙令童子以針綴杖頭挑出之不使點壞

水綱藻

漢武昆靈池中有水網藻枝橫倒水上長八九尺有似網目鳧鴨入此草中皆不得出因名之

魚藻洞

魚朝恩宅有洞房四壁大安琉璃板中貯江水及萍藻諸色魚鰕號魚藻洞出南康記

苹

詩鹿鳴食野之苹注毛云苹蓱也孔流云萍是水中草非鹿所食故不從之詩緝曰爾雅釋草苹有二種一云苹蓱其大者蘋此水生之苹也一云苹藾蕭今

籟蒿也此陸生之華即鹿所食也

水萍

係柳絮隨風飛起入池沼得水生成小者藻背面俱青大者萍面青背紫下無根帶水面漂浮　無根而浮常與水平故名多生止水中鄉人呼爲藻　詩錦鱗密砌不容針只爲根兒做不深■與白雲爭水面豈容明月下波心幾番浪打應難滅數陣風吹不復沉多少魚龍藏在底漁翁無處下鈎尋日本考畧

鴨褥

雲林異景誌浮光多美鴨太原少尹樊千里買百隻

置後池載數車浮萍入池使爲鴨作茵褥

蘋

韓詩曰沉者爲蘋似槐葉而連生則紫

水底蘋

太原晉祠冬有水底蘋不死食之甚美

菖蒲

張籍石上生蒲一寸十二節　養菖蒲法以久年溝渠瓦爲末種之欲其石生苔則以茭埿和馬糞塗置濕處不久卽生　梁太祖后張氏見蒲花光彩照灼侍者皆不見后聞見者當富貴因吞之是月產武帝

菖蒲歌

有石奇峭天琢成有草夭夭冬夏青人言菖蒲非一種上品九節通仙靈異根不帶塵埃氣孤操愛結泉石盟明窓净几有宿契花林草砌無交情夜深不嫌清露重晨光疑有白雲生嫩如秦時童女登蓬瀛手携緑玉杖徐行痩如天台山上賢聖僧休糧絶粒孤鶴形勁如五百義士從田横英氣凛凛磨青冥清如三千弟子立孔庭回琴點瑟天機鳴堂前不入紅粉意席上常聽詩書聲怪石篠簜皆充貢此物舜廟當共登神農知已入本草靈均蔽賢遺騷經幽人耽玩

發僊與方士服餌延修齡綵鸞紫鳳琪花苑赤虬玉麟芙蓉城上界眞人好清淨見此靈苗當大驚我欲携之朝太清瑶草不敢專芳馨玉皇一笑留香案錫與有道者長生人間千花萬草儘榮艶未必敢與此草争高名

蒲臺

東海上有蒲臺秦始王至此臺下縈蒲繫馬蒲至今縈紆

著實

圖經曰著實生少室山谷今蔡州上蔡縣白龜祠傍

其生如蒿作叢高五六尺一本一二十莖至多者三五十莖生梗條直所以異於衆蒿也秋後有花出於枝端紅紫色形如菊八九月採其實日乾入藥今醫家亦稀用其莖爲筮以問鬼神知吉凶故聖人贊之謂之神物史記龜策傳曰龜千歲乃遊於蓮葉之上蓍百莖共一根又其所生獸無虎狼蟲無毒螫徐廣注曰劉向云龜千歲而靈蓍百年而一本生百莖又褚先生云蓍生滿百莖者其下必有神龜守之其上常有青雲覆之傳曰天下和平王道得而蓍莖長丈其叢生滿百莖方今世取蓍者不能中古法度不能

得蒲百莖丈長者取八十莖已上著長八尺即難得也人民好用卦者取蒲六十莖已上蒲六尺者即可用矣今蔡州所上者皆不言如此然則此類其神物乎故不常有也

屋柱芝

屋柱無故生芝者白爲喪赤爲血黑爲賊黃爲喜其形如人面者亡財如牛馬者遠役如蛇龜之類者田蚕耗

五芝

句曲山五芝求之者投金環二雙於石間勿顧念必

得矣第一芝名龍僊食之爲太極僊第二芝名參成食之爲太極大夫第三芝名燕胎食之爲正一郎中第四芝名夜光洞鼻食之爲太清左御史第五芝名料玉食之爲三官真御史

肉芝

肉芝今年春長洲漕湖之濱有農婦治田見湖灘一物白如雪趨視之乃見一小兒手也連臂約長尺許其下作聲唧唧驚走報其夫夫往看亦甚疑怪掘之其根不可窮乃折而棄之湖嘗讀神僊感遇傳云蘭陵蕭靜之掘地得物類如人手肥潤而紅烹而食之

踰月髮再生力壯貌少後值道士顧靜之曰神氣若是必嘗餌藥稍其脉曰所食者肉芝也壽等龜鶴矣然則漕湖之物正此類耳乃不幸棄于愚夫之手惜哉

熒火芝

良常山有熒火芝大如豆夜視有光得食一枚心中一孔明食七枚七孔明可夜書華陽洞亦有五種夜光芝包山有白芝

雙麟芝

杜陽編處士伊祁玄解於衣帶間出三年藥實為上

種於殿前一曰雙麟芝色褐一莖兩穗隱隱形似麟
頭尾悉具其中有子如瑟瑟

樓闕芝

東都生芝狀如樓闕又或如赤字者

天尊芝

天寶初臨川郡人李嘉胤所居柱上芝草形類天尊
大守張景佚截柱獻之

五德芝

韓思復還滁州刺史有黃芝五生州署民爲刻頌其
祥

蒸芝

桺宗元貽蕭俛書使受天澤餘潤雖朽枿敗腐不能生植猶足蒸出芝菌以爲瑞物

三脊茅

麻陽苞茅山茅生三脊孟康曰零陵茅楊雄曰璚茅皆三脊也齊桓責楚苞茅不入者即此

焦茅

焦茅高五丈火燃之成灰以水灌之復成茅是謂靈茅

刺

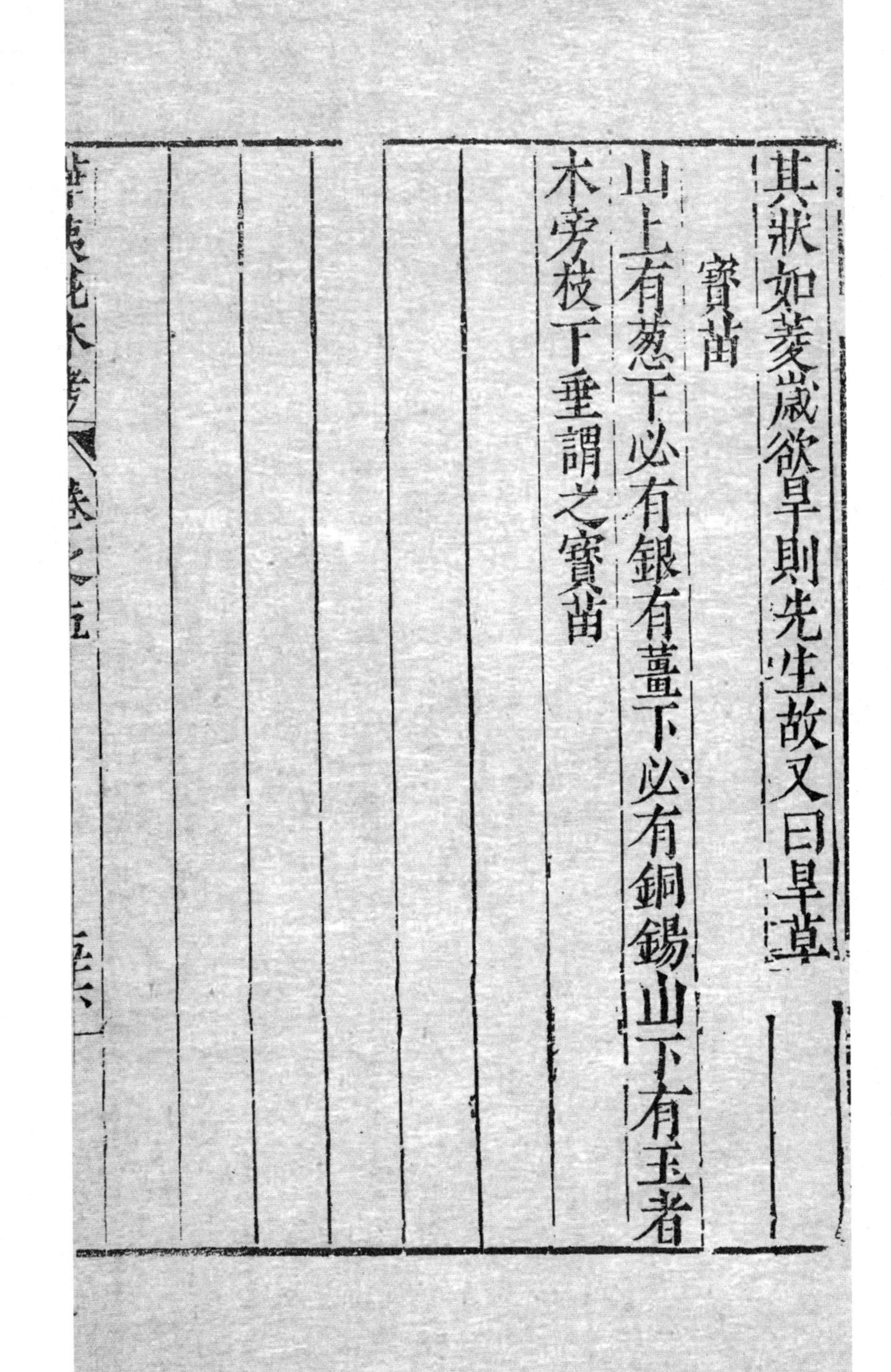

其狀如菱歲欲旱則先生故又曰旱草

寶苗

山上有葱下必有銀有薑下必有銅錫山下有玉者木旁枝下垂謂之寶苗

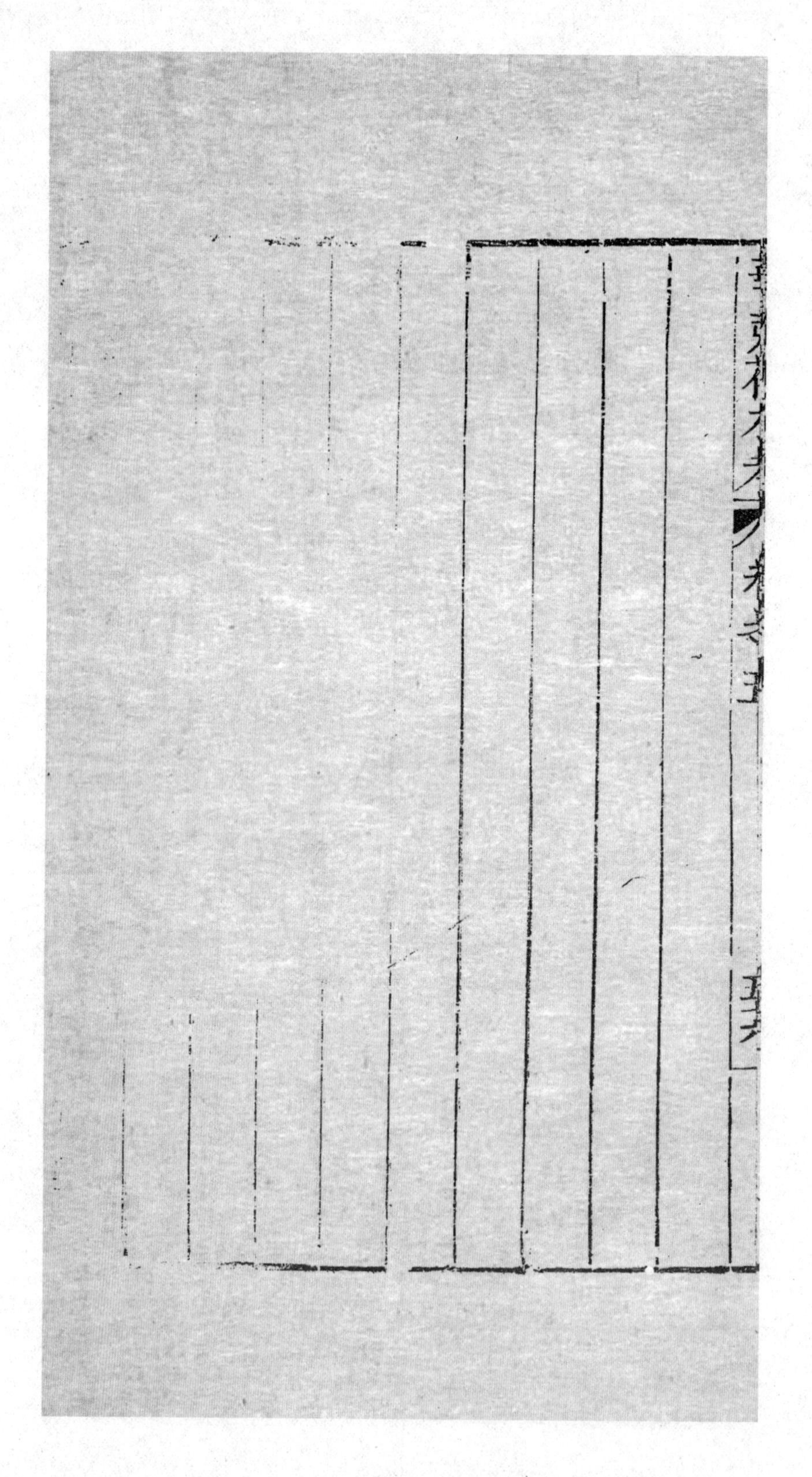

附全五册目録